木海探微

——中国传统家具史研究

周京南 著

中国林业出版社

图书在版编目（CIP）数据

木海探微 ：中国传统家具史研究 / 周京南著. --
北京 ：中国林业出版社，2017.3
ISBN 978-7-5038-8702-4

Ⅰ. ①木… Ⅱ. ①周… Ⅲ. ①家具－历史－研究－中国 Ⅳ. ①TS666.20

中国版本图书馆 CIP 数据核字（2016）第 219990 号

中国林业出版社·建筑分社
责任编辑：纪 亮 樊 菲

出版：中国林业出版社（100009 北京西城区德内大街刘海胡同 7 号）
网站：http://lycb.forestry.gov.cn
印刷：北京利丰雅高长城印刷有限公司
发行：中国林业出版社
电话：（010）8314 3610
版次：2017 年 3 月第 1 版
印次：2017 年 3 月第 1 次
开本：1/16
印张：19
字数：300 千字
定价：98.00 元

目录

三、窥：传统家具陈设

四、探：家具发展拾遗

前　言

中国的传统家具，历史悠久，源远流长，在我国文化艺术宝库中占有着重要的地位。我们的祖先，远在新石器时代，就开始掌握了把自然石块垒成原始家具使用，至商周已形成了像“俎”和“禁”那样表示家具基本形象的文字。而从河南信阳楚墓和湖南战国墓葬中出土的漆案、俎、木几及大木床等考古发掘的文物资料表明，早在春秋战国时代，我国的家具制造业就已形成了一定的规模。汉代时我们的先人是席地而坐，人们是席地跽坐（跪坐）或盘膝坐，室内生活以床、榻为中心，床的功能不仅供睡眠，用餐、交谈等活动也都在床上进行，大量的汉代画像砖、画像石都体现了这样的场景。与席地而坐相应的便是低型家具的大量流行，如案、几等低型的漆家具。

从魏晋六朝至宋元时期，前后千年有余。中国社会在此期间出现过激烈变动，魏晋南北朝连年战乱，李唐王朝太平盛事，宋代市井生活日益繁荣，元帝国疆域辽阔，史无前例。这些剧烈的变动给社会带来巨大的变化，元朝时意大利旅行家马可·波罗对雄伟壮丽的东方帝国赞颂有加，东方文明的光芒与欧洲中世纪的黑暗形成鲜明对比。这一时期，中国人的生活以及中国人在生活中所使用的家具都发生了根本性的变化。“席地而坐”是魏晋以前中国人固有的习惯，从东汉时期开始，随着东西各民族的交流，新的生活方式传入中国，从胡人那里传来的“垂足而坐”的形式更方便、更舒适，最终为中国人所接受，尤其到魏晋南北朝以后，一个更加丰富多彩的世俗生活形态开始了，中国传统的起居方式发生了根本性的变化，鼓凳、交床、椅子、高几、条桌等高型家具影响了中国人的起居生活。

唐和五代时期，高型家具仅供官宦贵族等上层人家使用。到了宋代，高型家具得到了很大发展，不仅仅是椅、凳等高型家具，其他如高桌、高几等品种，也不断丰富，而且普及到民间。垂足而坐的新习俗与高型家具，进入了皇亲贵戚和平民百姓家，在社会生活的各个领域里渐渐地相沿成俗，包括茶肆、酒楼、店铺等各种活动场所，人们都已广泛普遍地采用桌子、椅凳、长案、高几、衣架、橱柜等高型家具，以满足垂足而坐的生活需要。

明清两代是中国封建文明高度发展时期，中国社会经过千余年的积累发展，到了明清之际，生齿日繁，垦荒拓土，移民实边，展示出一派物穰人稠、岁丰年稔、国库充盈的盛世景象。经济的发展，也带动了手工艺技术的日渐提高，当时的陶瓷、冶炼、纺织等工业都达到了历史上前所未有的最高水平，家具制作也不例外。名师巧匠、文人雅士甚至九五之尊的封建帝王都曾给予家具制作以极大的关注，最终形成了独具特色的明清家具风格。明式家具以素面朝天、造型简洁、疏朗大方、秀丽端庄取胜，而清代家具则运用了大量的装饰技法，匠师们本着“勿以善小而不为”的心态对家具的每一个部件、每一道细节都着意加工，把匠师的智慧和代表当时生产力发展最先进的技艺融入到家具制作中去，形成了做工精湛、雕饰华美的清式家具的风格。清代盛世家具风格的形成，与清代统治者所创造的世风有关，表现了从游猎民族，到一统天下的雄伟气魄，代表了追求华丽和富贵的世俗风尚。

清代家具，特别是宫廷家具，为满足皇家一己之私的需求，利用了多种材料，调动一切工艺手段来为家具服务，达到了中国家具史上的巅峰时期。

本人于 1991 年大学毕业后，进入故宫博物院工作，一直从事明清宫廷家具整理与宫廷原状陈列的研究。在故宫博物院这座汇集了中国传统文化精华的最高殿堂里，珍存了 150 多万件（套）文物，而其中明清家具数量达到 5300 余件，收藏的中国古典家具数量之多、质量等级之高位列国内外各博物馆之首。这些家具代表着中国古代工艺制作技术的最高水准，同时又是中国传统文化的重要载体。在长期与宫廷家具的近距离接触中，本人一方面向学界前辈虚心求教，一方面又博览群书，阅读、记录了大量的文献资料，并结合自己在工作中积累的实践经验和前人的学术成就，撰写出多篇文章，发表在海内外的相关杂志上。

在对故宫所藏明清家具的整理研究过程中，笔者发现中国传统家具历史并不是孤立存在的简单器物史，而是与我们祖先的起居饮食、审美风尚、建筑装修、室内陈设密不可分的，先人的各种社会生产实践活动都离不开家具的参与，有鉴于此，本人不揣鄙陋，妄言大义，写成《木海探微——中国传统家具史研究》一书，此书副标题虽然以“史”来命名，但是并未因循大部分家具史的著作思路，即以年代朝代为线来叙述家具历史的发展，而是通过众多的“点”来对家具发展史上的若干问题进行探究，本书分为“考”“论”“窥”“探”四个小章节，分别涉及对传统家具木材使用历史的考证、宫廷家具的风格特点、传统家具与宫廷原状的研究、文人书房及古代绘画作品中的家具陈设等，透过这一个个“点”，以一种全新的角度来诠释传统家具的历史和文化，拓宽传统家

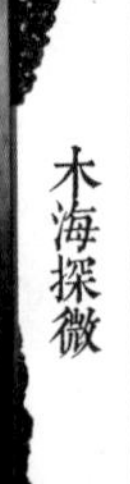

具史研究的视野。希望这本拙作的出版，能起到抛砖引玉的作用，使更多的专家学者能从不同的视角来挖掘新的“观点”，丰富传统家具的研究领域，让传统家具文化在我们这一代人手里薪火相传，续写辉煌。

周京南

故宫博物院

历史文献记载中的黄花梨

我国的传统家具，向以材美工巧闻名于世，而传世于今、经年历久的明式家具，除了以其造型优美而享有盛誉外，更是以其所选用的材质优良的黄花梨而著称，可以说，明式黄花梨家具代表了我国古代家具制作的最高水平。

黄花梨是一种名贵木材，上海称为“老花梨”，广州称为“降香”，心材色泽由浅黄至黄色，纹理美观有香味。其在植物

明黄花梨四出头官帽椅

学上的学名称为“降香黄檀”，我国海南岛有此树木，当地人称为“海南檀”，据《广州植物志》记载：“海南岛物产……为森林植物，喜生于山谷阴湿之地，木材颇佳，边材色淡，质略疏楹，心材色红褐，坚硬，纹理精致美丽，适于雕刻和家具之用……本植物海南原称花梨木，但此名与广东木材商所称为花梨木的另一种植物混淆，故新拟此名（即海南檀）以别之。”黄花梨木因其纹理美观，色泽艳丽，是明清以来制作家具的良材。

黄花梨木优美的纹理

传世的古典家具中，多有以黄花梨木制成的家具，这些家具，以其造型端庄大方、线条委婉流畅成为流芳百世的典范之作。

一、我国古代文献记载中关于黄花梨木材及产地的记载

黄花梨这种名贵的木材是我们今天的说法，而从文献考证上来说，这种木材在历史上曾有过“花榈”“花梨”“花黎”等不同称呼，古代的许多文献资料对于这种木材的纹理特征及产地都有着明确的记载，如唐陈藏器在《本草拾遗》中说

"花榈出安南及海南，用作床几，似紫檀而色赤，性坚好。"明初王佐增订《格古要论》记载"花梨出南番广东，紫红色，与降真香相似，亦有香，其花有鬼面者可爱，花粗而淡者低。"

在明人顾芥所著《海槎余录》里提到"花梨木、鸡翅木、土苏木皆产于黎山中，取之必由黎人。"可知，黄花梨产于海南岛深处的黎山，多由黎族人开采砍伐。值得一提的是，明代大医学家李时珍在《本草纲目》木部第三十五卷"榈木拾遗"一条中提出"（榈木）[时珍曰]木性坚，紫红色。亦有花纹者，谓之花榈木，可作器皿、扇骨诸物。俗作花梨，误矣。"李时珍认为有花纹的榈木，谓之花榈木，平时众口广传的"花梨"说法，为误传，而这从另一个方面也证实了当时的这种所谓误传的"花梨"之名已成为明代民间对于黄花梨约定俗成的固定称谓。

在明人严以简所著的《殊域周咨录》卷七"南蛮"里记述了占城国的土特产，其中有："檀香、柏木、烧碎香、花梨木。"

清人李调元的《南越笔记》卷七也记载位于今越南的占城向明廷进贡花梨："占城，本古越裳氏界。洪武二年，其主阿答阿首遣其臣虎都蛮来朝贡，其物有乌木、苏木、花梨木等。"《南越笔记》卷十三又记载："花榈色紫红，微香。其文有若鬼面，亦类狸斑，又名花狸。老者文拳曲，嫩者文直。其节花圆晕如钱，大小相错者佳。'琼州志'云，花梨木产崖州昌化陵水。"

《广东新语》卷二十五记载："海南文木，有曰花榈者，色紫红微香，其文有鬼面者可爱，以多如狸斑，又名花狸。老者文拳曲，嫩者文直，其节花圆晕如钱，大小相错，坚理密致，价尤重。往往寄生树上，黎人方能识取，产文昌陵水者，与降真香相似。"

另外，在我国古代史料中，也有将黄花梨称之为“花黎”的。如宋赵汝适所撰的《诸番志》卷下提到了“花黎木”：“海南，汉朱崖、儋耳也……四郡凡十一县，悉隶广南。西路环拱黎母山，黎獠蟠踞其中，有生黎、熟黎之别。土产沉香……青桂木、花黎木、海梅脂之属。”

清人程秉剑的《琼州杂事诗》里以七言诗的形式对海南岛的物产进行了概括，其中有一句诗特意提到了“花黎木”：“花黎龙骨与香楠，良贾工操术四三。争似海中求饮木，茶禅如向赵州参。”[1]诗下有注解却将花黎写成“花梨”：“花梨、龙骨、香楠皆海南木之珍者”。

下面笔者将以上所引的史料、依其书名、木名及引文中所涉及的产地，列表如下，以期对“黄花梨”这种木材的来源作一个较为清晰直观的概括：

表 1　黄花梨产地及名称表

引书	木材名称	产地
《本草拾遗》	花榈木	安南及海南
《格古要论》	花梨木	南番广东
《南越笔记》	花梨木	崖州昌化陵水
	花梨木	占城
《殊域周咨录》	花梨木	占城
《广东新语》	花榈木	文昌陵水
《海槎余录》	花梨木	黎山
《诸番志》	花黎木	海南
《琼州杂事诗》	花黎木	海南

综上所述，今天我们所说的黄花梨在我国古代有“花榈”“花梨”“花黎”等多种称呼，在有关记述这种木材的史料中，产于我国广东南部海南岛地区的记载占了绝大多数，

如“崖州昌化陵水”“文昌陵水”“黎山”“海南”。只是在《本草拾遗》提到“花榈出安南及海南”。《南越笔记》中记载了占城国主遣使来朝贡，“其物有……乌木、苏木、花梨木”，《殊域周咨录》里提到占城国特产时，有“檀香、柏木、烧碎香、花梨木”等。按“安南”和“占城”位于今天的越南境内，可知，在古人的记载中，我国海南岛地区是“花梨”“花榈”“花黎”的主要产地。

海南岛地区是我国黎族的聚集地，我国传统家具，特别是明及清前期的家具中多有以海南岛黎族地区的黄花梨木制成者。黄花梨生长于黎族人世居的大山深处。

海南岛黎族地区的野生黄花梨树林

明清以来，由于封建经济的发展，封建统治者大规模营造离宫别苑，豪族权贵也大兴土木，广建豪宅，华堂奥室需有美器相配，室内陈设所需的家具显著增多，致使出现了空前庞大的中、高档家具消费市场。而制作高档家具的黄花梨木材质密温润，色泽鲜艳，纹理华美，内蕴暗香，又可入药，

不喧不躁的特性不仅受到富裕的文人士大夫的青睐，尤其受到统治者的青睐，从明朝起至清前期，黎族世居的海南岛大山深处的黄花梨木被大量的开采，源源不断地流入内地，走进宫廷，成为制作精美家具的重要材料。

二、明代文献里对海南岛黄花梨征采的记载

历史上海南岛有三种古称：珠崖、儋耳、琼台。据文献资料，“珠崖”源于“郡在大海崖岸之边，出真珠”，故名“珠崖”；“儋耳”源于海南岛古部落的绣面习俗（在脸面上刻上花纹，涂以颜色，耳朵上戴有装饰用的耳环而下垂），因而得名；“琼台”源于“境内白石有琼山，土石皆白而润”，宋神宗熙宁年间琼州置琼管安抚都监台，遂称为琼台。据《琼州府志》记载，秦代海南属其遥领的范围，没有任何建制。在汉武帝元封元年（公元前 110 年）始设儋耳，珠崖两个郡。从此，海南岛正式纳入我国版图，成为我国的神圣领土。到元帝初元三年（公元前 46 年）撤郡仅设一个县叫“朱卢县”。三国时海南岛归吴国管辖。至梁代大同中叶（公元 540~541 年）又在海南岛设制为州，称“崖州”。隋朝时设临振、珠崖两郡，唐代设崖州、琼州、振州、儋州、万州五个州及二十二个县。到宋代，设一州和三个军，琼州领五县，南宁军领三县，万安军领二县，吉阳军领三镇。在元代，海南建制多仿宋代，无大变更。明代海南设琼州府，领儋、万、崖三州十个县。清代海南建制仍沿袭明代。清代又将琼州府改称琼州道，清末又改三州十三县。“琼为都会，居岛之北，儋居西陲，万居东陲”。因而，海南岛又有琼岛之称。

海南岛地处广东南部的南海，与雷州半岛隔海相望，是

我国黎族的世居地，物产丰饶，封建统治者垂涎于本地的物产，对这个地区的黎族进行剥削压迫，《大明神宗显皇帝实录》卷五百三十四记载，万历四十三年七月总督两广张鸣冈题平黎善后事宜，提到了明代海南地方官吏对黎族人的横征暴敛，其中有“各官无艺之徵，曰丁鹿，曰霜降鹿，曰翠毛，曰沉速香，曰楠板，曰花黎木……黎何堪此重困，是不可不竖牌禁者。”[2]由上述引文可知，明代海南地方官吏向海南岛的黎族人征收各种土特产，其中一项便是向黎族人征敛产于黎族地区的“花黎木”（黄花梨），因地方官吏的贪得无厌，对“花黎木”的征采毫无节制，使黎族人不堪重负，而这正印证了明代地方官吏对海南岛黄花梨木的征采数额较大这样一个事实。

三、黄花梨在明代民间及宫廷的使用

明代末年，随着社会经济的发展，生产力水平的提高，以黄花梨打造的器物在一些富裕的民间之家也开始流行起来。据《广志绎》卷之二：“姑苏人聪慧好古，亦善仿古法为之，书画之临摹，鼎彝之冶淬，能令真赝不辨。又善操海内上下进退之权，苏人以为雅者，则四方随而雅之，俗者，则随而俗之，其赏识品第本精，故物莫能违。又如斋头清玩、几案、床榻，近皆以紫檀、花梨为尚，尚古朴不尚雕镂，即物有雕镂，亦皆商、周、秦、汉之式，海内僻远皆效尤之，此亦嘉、隆、万三朝为盛。”[3]在文人学者的书房雅斋之中，黄花梨家具也成了室内陈列设的重要点缀。而高濂所著的《遵生八笺·起居安乐笺》上卷：“高子曰：书斋宜明净，不可太敞。明净可爽心神，宏敞则伤目力……冬置暖砚炉一，壁间挂古琴一，中置几一，如吴中云林几式佳。壁间悬画一。书室中画惟二品，山水为上，花木次之，禽鸟人物不与也。或奉名画山水云霞中神佛像亦可。名贤字幅，以诗句清雅者可共事。上奉乌思藏　金佛一，或倭漆龛，或花梨木龛以居之。”[4]《遵生八笺·起居安乐笺》下卷“晨昏怡养条序古名论”竹榻：“以斑竹为之，三面有屏，无柱，置之高斋，可足午睡倦息。榻上宜置靠几，或布作扶手协坐靠墩。夏月上铺竹簟，冬用蒲席。榻前置一竹踏，以便上床安履。或以花梨、花楠、柏木、大理石镶，种种俱雅，在主人所好用之。”[5]

在《三垣笔记》下里也记载崇祯年间，湖广巡抚王骥家中使用的家具器用时，就有花梨古窑等名贵之物。“湖广巡按王中丞骥崇祯戊辰，丹徒人。家居京口，质库遍城内。每鸡羹一盂，非腿不食，庖人必杀三鸡充之，余肉皆抛弃。又烹鱼时，必先置燕窝腹内方食。所用木器瓦器尽花梨古窑，其豪奢乃尔。”[6]

而从海南岛采伐来的黄花梨，成为明代宫廷家具制作的重要材料。据明代《酌中志》记载，明代专门为皇家打造皇室家具器用的御用监里，就有黄花梨家具。《酌中志》卷之十六记载：“御用监，掌印太监一员，里外监把总二员，犹办理也。有典薄、掌司、写字、监工。凡御前所用围屏、摆设、器具，皆取办焉。有佛作等作，凡御前安设硬木床、桌、柜、阁及象牙、花梨、白檀、紫檀、乌木、鸡翅木、双陆、棋子、骨牌、梳栊、螺钿、填漆、雕漆、盘匣、扇柄等件，皆造办之。”

花梨器用的大量流行，是明代后期社会经济发展，民间争奇斗富、浮华之风盛行的一个重要表现，这种以花梨家具器用为尚的浮奢风气引起了“崇尚节俭”的明思宗崇祯帝的警觉和不满，崇祯帝在位时，正是兵患频仍、大明江山风雨飘摇之际，崇祯帝特下谕旨杜绝铺张浪费、禁止民间使用紫檀器用，《崇祯长编》卷一记载，明崇祯帝于崇祯十六年癸未十月，谕礼部：

"迩来兵革频仍，灾祲叠见，内外大小臣工士庶等，全无省惕，奢侈相高，僭越王章，暴殄天物，朕甚恶之！……内外文武诸臣，俱宜省约，专力办贼。如有仍前奢靡宴乐，淫比行私，又拜谒馈遗，官箴罔顾者，许缉事衙门参来逮治。其官绅擅用黄蓝绌盖，士子擅用红紫衣履，并青绢盖者，庶民男女僭用锦绣纻绮，及金玉珠翠衣饰者，俱以违制论。衣袖不许过一尺五寸，器具不许用螺紫檀花梨等物，及铸造金银杯盘。在外抚按提学官大张榜示，严加禁约，违者参处。娼优胥隶，加等究治。"[7]

四、清代史料中对海南岛黄花梨征采的记载

入清以后，清朝政府在延续了明朝对海南的统治后，对海南岛的黄花梨木继续进行征收，康熙时期的广东昌化知县陶元淳于康熙三十三年（公元 1694 年）到琼州昌化县上任后，对于驻守海南岛地区的官丁，到黎族地区征采"花梨"而扰民一事，上书朝廷："崖营兵丁。或奉本官差遣。黴收黎粮。贸易货物。一入黎村，辄勒索人夫，肩舆出入……每岁装运花梨，勒要牛车二三十辆。或遇重冈绝岭，花梨不能运出。则令黎人另采赔补。"[8]从陶氏所云可知，崖营兵丁，借口奉官之命，向黎族人大量征收"花梨"（黄花梨），每年运送花梨的牛车动辄都要二三十辆之多，如果道路险阻，黎族人无法将这些花梨运出来，则要另采补偿，可见对黎族人征收的黄花梨数量之多了，而清朝地方官吏对黎族地区黄花梨木的征收，加重了黎族人民的负担，最终酿成黎族地区民变。清人吴震方的《岭南杂记》记载，康熙三十八年，"琼州文武官属，役黎采香藤、花梨，"[9]因索要无度，激起黎人民变，"黎人王振邦倡乱，宰牛传箭，杀官吏。"此事在清圣祖实录里

也有反映，据《大清圣祖实录》卷二百二记载，康熙三十九年，广东广西总督石琳疏言："上年十二月初十日，生黎王镇邦等攻犯宝停等营，与弁兵为难，其起衅之由，据就抚王仕义等告称，兵丁王履平等进黎种种扰害……游击詹伯豸、雷琼道、成泰慎等差人采取花梨、沉香等物，应解任候勘。"[10] 最后，清朝政府派兵平息了此次黎族人的起义，同时将毫无节制向黎族百姓征收黄花梨等名贵木材、引起黎族民变的"文武地方官，参革重处有差"。

乾隆以后，随着社会经济的发展，越来越多的外省人（客民）涌入海南岛，有些人进入黎族地区，在与黎族人贸易过程中与黎族人发生冲突，甚至引发命案。乾隆三十一年（公元 1766 年）丙戌五月署两广总督杨廷璋、广东巡抚王检针对黎人与客民（外省之人）之间的矛盾，上奏朝廷指出："岐黎仇杀客民一案，实因内地及外省客民贩卖黎峒藤板香货……凌虐难堪，黎图报复，故酿巨案……"并提出了治理黎地，调节黎族与客民、官府之间矛盾的办法：其中就有"一、琼南藤板香料及杂货等物，多出黎峒，宜酌筹交易，以资黎人生理，应饬地方官于州县城外汛地，设立墟场两三处，定以墟期交易。"[11] 该奏折更提到了"每年例办进贡花梨、沉香，向系差票赴黎购买，黎头挨村拨夫送官领价，易滋扰累，应将每年额贡晓示，豫发价值，派总管哨管黎头，分办运赴，免致差役扰累。"[12]

从杨廷璋及王检的奏折中可以看出，清代以降，随着社会经济的发展，各民族之间的交流日益频繁，大量的客民进入了海南岛黎族传统居住地，个别不法商人在与黎族人进行木材香料的交易过程中，愚弄凌虐黎人，引起黎人不满，所以杨廷章建议海南地方官府在州县城外空地，设立贸易交流的集市，允许黎族人定期把自己的“琼南藤板香料及杂货等物”，带往集市与客民进行较为公平的交易，互利互惠，这项政策有助于黎族地区的土特产品（也应包括黄花梨等珍贵名木）通过商品流通的方式带出黎山之外，甚至流向全国各地，而文中所说的“每年例办进贡花梨、沉香，向系差票赴黎购买，黎头挨村拨夫，送官领价，易滋扰累，应将每年额贡晓示，豫发价值。”正说明了清朝政府年年都要出资，通过黎族地区头人，向黎族人购买“花梨”，由黎族地方出人出力，将大量的黄花梨运抵官府，作为贡品入贡朝廷。

五、清代宫廷对黄花梨的使用

清代宫廷对产于海南岛地区黄花梨毫无节制的征采，可以从清宫内务府养心殿造办处行取清册的记载中管窥出来，养心殿造办处为内务府下属机构，掌制造、存储宫中器用各物，清初设于养心殿，故名。造办处行取清册是一份制作家具器用的各类材料使用数量的档案记录，包括每年购进宫中的木材具体数量、使用数量、存余数量等详细的信息，其中也包含了详尽的黄花梨木在宫中的使用数据。下面笔者把乾隆三十二年（公元 1767 年）以前部分年份清宫造办处行取清册的黄花梨使用的数据做了一下简要统计：

乾隆元年正月至十二月旧存：花梨木三千零三十四斤八两一钱，新进：花梨木六千三百十四斤，实用花梨木一千四百一十五斤十两六钱，下存花梨木七千九百三十二斤十三两五钱。

乾隆二年养心殿造办处行取清册记载该年旧存：花梨木七千九百三十二斤十三两五钱，新进：二千八百六十七斤，实用：一千七百零五斤十三两。

乾隆四年旧存：花梨木四千五百一十四斤一两五钱，新进：二千斤，实用一千二百三十七斤一两九钱。

乾隆六年旧存：花梨木四万八千零二十斤十一两六钱，新进：一万五千斤，实用：一万三千九百五十一斤七两二钱，下存五千一百三十一斤四两四钱。

乾隆八年旧存：花梨木三千零二十六斤二两五钱，新进：五千七百斤，实用：五千七百五十七斤十四两二钱，下存二百八十八斤十两九钱。

乾隆九年旧存：花梨木三百四十六斤九两七钱，新进花梨木五千七百斤，实用花梨木五千七百五十七斤四十两二钱。

乾隆十年旧存：二百八十八斤十两九钱，新进花梨木一万一千四百三十四斤四斤，实用一万五千九百七十一斤一两，下存一万一百二十五斤九两九钱，为了方便一目了然，笔者特意把这些年份的黄花梨使用纪录列表如下，有些年份的资料阙如，还需要进一步查找核实。

表 2　乾隆年间清宫黄花梨使用记录表

乾隆年份	旧存	新进	实用	下存
乾隆元年	3034 斤 8 两 1 钱	6314 斤	1415 斤 10 两 6 钱	7932 斤 13 两 5 钱
乾隆二年	7932 斤 13 两 5 钱	2867 斤	1705 斤 13 两	
乾隆四年	4514 斤 1 两 5 钱	2000 斤	1237 斤 1 两 9 钱	
乾隆六年	48020 斤 11 两 6 钱	15000 斤	13951 斤 7 两 2 钱	5131 斤 4 两 4 钱
乾隆八年	3026 斤 2 两 5 钱	5700 斤	5757 斤 14 两 2 钱	288 斤 10 两 9 钱
乾隆十年	288 斤 10 两 9 钱	11434 斤	15971 斤 1 两	10125 斤两 9 钱
乾隆十一年	10125 斤 9 两 9 钱		4033 斤 11 两 9 钱 4 分	6091 斤 13 两 9 钱 6 分
乾隆十二年	6091 斤 13 两 9 钱 6 分	3640 斤	8977 斤 12 两 7 钱 3 分	754 斤 1 两 2 钱 3 分
乾隆十三年	754 斤 1 两 2 钱 3 分	2000 斤	2732 斤 2 两 3 钱	21 斤 14 两九钱 3 分
乾隆十四年	21 斤 14 两九钱 3 分	6096 斤 7 两 3 钱	1291 斤 8 两 4 钱	4826 斤 13 两 8 钱 3 分

乾隆年份	旧存	新进	实用	下存
乾隆十五年	4826 斤 13 两 8 钱 3 分		1489 斤 12 两	3337 斤 1 两 8 钱 2 分
乾隆十六年	3337 斤 1 两 8 钱 2 分	2100 斤	533 斤 7 两	4903 斤 10 两 8 钱 3 分
乾隆十七年	4903 斤 10 两 8 钱 3 分	2380 斤	411 斤 8 两	6872 斤 2 两 8 钱 3 分
乾隆十八年	6872 斤 2 两 8 钱 3 分		363 斤 13 两	6508 斤 5 两 8 钱 3 分
乾隆十九年	6508 斤 5 两 8 钱 3 分		4891 斤 10 两	1616 斤 11 两 8 钱 3 分
乾隆二十年	1616 斤 11 两 8 钱 3 分	99 斤 5 两 6 钱 7 分	54 斤 10 两	1661 斤 7 两 5 钱
乾隆二十四年	501 斤 6 两 4 钱 3 分		86 斤 15 两 7 钱	414 斤 6 两 7 钱 3 分
乾隆二十五年	414 斤 6 两 7 钱 3 分	2000 斤	979 斤 8 两	1436 斤 14 两 7 钱 3 分
乾隆二十六年	1436 斤 14 两 7 钱 3 分	6500 斤	984 斤 7 两	6952 斤 7 两 7 钱 3 分
乾隆二十九年	3366 斤 7 钱 3 分		3154 斤 11 两	211 斤 5 两 7 钱 3 分
乾隆三十年	211 斤 5 两 7 钱 3 分	500 斤	382 斤 15 两	328 斤 6 两 7 钱 3 分
乾隆三十二年	881 斤 10 两 8 钱	5000 斤	5272 斤 7 两	609 斤 3 两 8 钱

从以上记载可以看出清代宫廷对于黄花梨的使用数目较大，每年都要购进黄花梨木材，为清代宫廷打造家具器用。如乾隆六年、乾隆十年这两年新购进的黄花梨木数量都在一万斤以上，乾隆十年一年用掉了黄花梨木一万五千九百七十一斤一两。乾隆二十九年这一年，因为没有新进的黄花梨木，清宫造办处剩下的黄花梨木只余存二百一十一斤五两七钱。

采买花梨木原材料的费用和制作花梨器用的成本较高，以乾隆十年五月的内务府档案为例，仅在乾隆十年五月，内务府造办处采买花梨七千余斤，这七千余斤花梨到底用去了多少银两，据内务府记事录记载 ：“五月二十五日，司库白世秀将买办花梨木七千余斤，每斤价银一钱，缮写折片一件，持进交太监胡世杰传奏，欲买下备用做活计用，奉旨准买用，用时奏明再用，钦此。于六月十一日，副催总蔡六十将买办得花梨木七千一百十九斤交前库副司库德麟、金辉同库使扎尔泰、穆尔登额照数称准，收库讫 。”[13] 按照清代货币单位，银一两等于银十钱计算，这个月光是采买花梨原材料共用去白银七百一十多两。

除了材料费以外，制作花梨器用的人工成本也不低，乾隆六年“发用银档”记载，该年十一月十六日：“木作为做花梨木架座等七十四件，外雇木匠等做过二百八十七工，每工银一钱五分四厘，领用银四十四两一钱九分八厘”。[14] 为了制作七十四件花梨架座，就要从外面专门雇请木匠，人工费用总计白银四十四两之多。

得益于从海南岛采办过来的大量黄花梨，清代宫中的匠师能操鬼斧神工之技，生产制作了大量的家具。在清宫造办处档案中，有关黄花梨家具的记载比比皆是：“乾隆四年五月初六日，七品首领萨木哈、催总白世秀来说太监胡世杰交花梨木如意床一张。”

乾隆五年“养心殿收贮物料清册”记载，“旧存：……花梨木宝座二件，花梨木花梨木嵌玉炉盖一件，花梨木马吊桌一张，花梨木边藤屉椅面一件，花梨木小板凳一件。”

乾隆七年三月初九日，（木作）司库白世秀来说太监高玉等交铜烧古乳炉大小二件，铜烧古脊耳炉一件，铜烧古筒子炉一件，传旨着俱配花梨木座钦此。

而乾隆六年十一月初八日“木作”记载：“为做花梨木高桌一张，外雇楠木匠做过五十工，每工银一钱五分四厘。”

乾隆七年十一月十五日，司库白世秀、副催总达子将广东省解到紫檀木十四段，重三千二百余斤，花梨木十四段，重三千九百余斤，传为做重华宫如意边挂屏镜，并出外玻璃镜边配古玩座等项，约用紫檀木十段，花梨木六段。

乾隆九年八月二十二日，（裱作）司库白世秀来说太监胡世杰交花梨木边赤壁赋字围屏一架，计十二扇，传旨将前后边扇上画绢流云去了，添配对子一副。

“乾隆十七年十一月十三日，太监胡世杰交花梨木小柜一件。”

“乾隆十七年八月三十六日，太监赵福寿来说，首领程斌传着做花梨木香几一件，高二尺三分，底子径过一尺六寸，记此。”

乾隆十八年七月初三日，员外郎白世秀来说总管刘沧州交漆面花梨木格柜一件，花梨木三面玻璃盆景罩四件，传旨将柜格上添配底背背板，其盆景罩做材料用钦此。

乾隆二十年（如意馆）五月十日，员外郎白世秀、副催总舒文将花梨木插屏二件安在养心殿呈览，太监胡世杰奉旨，用新宣纸着如意馆学徒将插屏心一面画山水，一面画花卉，其绦环内二面俱画异兽，钦此。

另据乾隆九年内务府造办处行取清册记载：内务府造办处存有大量的花梨木家具。“花梨木宝座三件，花梨木嵌玉炉盖一件，花梨木藤屜椅面一件，花梨木高桌一张，花梨木小柜一对，花梨木嵌大理石椅子一张，花梨木嵌大理石靠背杌子一张，花梨木椅子二张，花梨木炕桌一张”。

乾隆四十五年十二月“广木作”记载“十二月初一日，员外郎五德催长大达色金江舒兴来说太监鄂鲁里交嵌青玉大璧花梨木插屏一件。”

乾隆五十年十月初九日（钱粮库），员外郎五德、库掌大达色、催长金江舒兴来说太监常宁交花梨木边座玻璃插屏一座，花梨木边玻璃挂镜一面，花梨木镶玻璃边西洋人挂屏一对。

从档案记载来看，清宫造办处为帝王之家生产制作了大量的黄花梨家具，这些黄花梨家具所涵盖的范围很广，举凡宝座、香几、橱柜、插屏、高桌、炉盖、各式文玩的底座、板凳等无所不包。

这些黄花梨家具大部分陈设在清代宫殿各处，除此之外，在各地的皇家行宫苑囿中，也多陈设有花梨器用及家具。《履园丛话》卷十二记载："雕工随处有之，宁国、徽州、苏州最盛，亦最巧。乾隆中，高宗皇帝六次南巡，江、浙各处名胜俱造行宫，俱列陈设，所雕象牙紫檀花梨屏座，并铜磁玉器架垫，有龙凤水云汉纹雷纹洋花洋莲之奇，至每件有费千百工者，自此雕工日益盛云。"在清高宗弘历南巡的江浙等地行宫里，就陈设有花梨屏风架座，这些花梨屏风架座，均由江南地区的巧匠制作，工艺精湛。

黄花梨家具在清代帝王的丧礼仪式上，也是重要的陈设家具，清代帝王去世后，都要举行隆重的丧葬仪式，称为国葬，在丧礼的祭典上，都要陈设有花梨宝座和香几，据《钦定大清会典事例》卷一千一百八十九"内务府·丧礼"记载：列圣、列后大事仪：列圣梓宫以楠木为之。漆四十九次。浑饰以金。宝床以杉木为之。髹以黄。黄糚龙缎套。上设织九龙黄缎褥、糚龙缎褥、闪缎褥各一。织金梵字陀罗尼黄缎衾、绣九龙黄缎衾各一。内衬织金五色梵字陀罗尼缎五。各色织金龙彩缎八。凡十有三层。梓宫套用织龙黄缎。发引日。束以红片金缎二。帷帐用黄缎绣九龙。沥水用天青缎绣行龙。顶幨用天青缎绣九龙。几筵设花梨木宝榻。黄糚龙缎套。上设黄缎绣龙褥。宝榻前设花梨木供案。白绫案衣。上设银香鼎。烛台花瓶前、设花梨木香几一。黄龙缎几衣。设银博山炉、香盒、匕、箸、瓶、左右设花梨木几二。设银烛檠羊角镫。又左右设把莲花瓶几二。制如前。设簪金把莲瓶各一。次设册宝几各一。备陈册宝。"

清代帝王的丧礼礼仪隆重，在皇帝停放楠木棺椁的祭典上，花梨宝座和香几是重要的陈设家具。

六、黄花梨木在民间的使用考

乾隆初年，清王朝经过了顺治、康熙、雍正三朝的开拓经略，到清高宗弘历继位时，社会稳定，经济发达，市场繁荣，国泰民安，乾隆即位的元年，即命吏部尚书兼工部尚书迈柱等编纂《九卿议定物料价值》一书，对当时全国民间各种货物的价格进行了详细的定价，其中该书“器皿”一节里，对家具的定价极其详致：“金漆高桌长二尺八寸，宽二尺，每张旧例银九钱，今核定银八钱。金漆条桌长五尺宽二尺，每张旧例银壹两六钱，今核定银一两四钱。黑漆抽屉琴桌长五尺，每张旧例银一两一钱，今核定银八钱。花梨桌长二尺七寸五分，宽一尺七寸五分，每张旧例银九两，今核定银五两。白木高桌长二尺五寸宽二尺每张今核定银五钱。榆木矮桌长三尺宽二尺二寸高一尺，每张今核定银一两四钱四分。红油矮桌长二尺、宽一尺四寸、高八寸，每张今核定银一两四钱四分……”

从上述内容可以看出，当时在民间市场流通有各种材质的家具，该节里面涉及了白木、榆木、金漆、红油、花梨桌类家具等，在差不多同等规格尺寸的桌类家具中，花梨木的家具价格最高，每张定价银五两，比白木、金漆、榆木、红油、黑漆家具的价值要高出数倍，足见黄花梨家具在当时民间的珍贵。

黄花梨家具在清代民间的大量盛行，也可以从清代的白话小说里得到反映。清代白话小说多是反映当时社会人文生活的真实写照，小说里面的人物虽然托言虚构，但是其题材

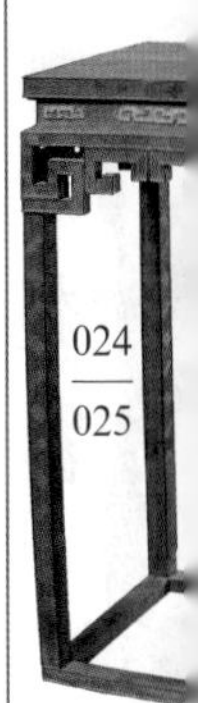

来源于真实的生活。为我们了解当时的社会经济、风俗习惯提供了翔实的资料，其中室内家具的描写则是不可或缺的一大亮点。

享有盛誉的我国古典文学名著《红楼梦》是清代乾隆年间文坛巨匠曹雪芹的不朽之作，红楼梦作为一部古典名著，诞生二百余年来，为人们广泛传颂，经久不衰，世界闻名。

《红楼梦》一书中包含的丰富的民俗学、饮食文化及医药学等各方面的知识都为我们今天研究清代社会经济文化的发展留下了宝贵的财富。而《红楼梦》一书中有关工艺美术品的描述同样占有很大的篇幅。

据不完全统计，《红楼梦》中记述的工艺美术品数量之巨，内容之丰富，使用范围之广，形象之具体，都是中国历代文学作品中极少有的，全书有三百多处涉及工艺品，出现工艺品数量多达 15000 余件，420 多个品种，真是洋洋大观，令人目不暇接。家具的描述在《红楼梦》一书中也占有很大的篇幅，红书里的许多章节不厌其烦地对家具做了细致入微的描写，为我们了解清代的家具功能形态做了具体的诠释。

《红楼梦》第四十回“史太君两宴大观园，金鸳鸯三宣牙牌令”里谈到探春房中：“凤姐儿等来至探春房中，只见他娘儿们正说笑。探春素喜阔朗，这三间屋子并不曾隔断。当地放着一张花梨大理石大案，案上摞着各种名人法帖，并数十方宝砚，各色笔筒，笔海内插的笔如树林一般。那一边设着斗大的一个汝窑花囊，插着满满的一囊水晶球儿的白菊。”探春的闺房里，摆放着很多家具，其中当地放着的花梨大理石大案很是醒目，花梨大案上摞着各种名人法帖和各色宝砚和笔筒。

《红楼梦》第八十一回“占旺相四美钓游鱼，奉严词两番入家塾”写到宝玉到家塾来读书：“看见宝玉在西南角靠窗户摆着一张花梨小桌，右边堆下两套旧书，薄薄儿的一本文章，叫焙茗将纸墨笔砚都搁在抽屉里藏着。”书房西南角贾宝玉读书的小桌即是用名贵的花梨木制成。

而反映晚清同治至光绪后期特定历史阶段政治和文化变迁史的白话小说《孽海花》里，也在多生提到了清末富户人家的家居陈设，里面就有黄花梨家具。该书第二十回“一纸书送却八百里，三寸舌压倒第一人”写到：“走完了这长堤，翼然露出个六角亭。四面五色玻璃窗，面面吊起。”六角亭里，有人正在吟诗：“原来就是闻韵高，科头箕踞，两眼朝天，横在一张醉翁椅上，旁边靠着张花梨圆桌。站着的是米筱亭，正握着支提笔，满蘸墨水，写一幅什么横额哩！”

成书于乾隆年间的《儒林外史》是由清代讽刺小说家吴敬梓创作的章回体长篇小说，该书虽然假托明代，但是却如实地反映了康乾时期科举制度下读书人的功名和生活，其中富户人家里面的家居陈设也是描写得淋漓尽致，该书第二十二回“认祖孙玉圃联宗，爱交游雪斋留客”描写扬州城里一个富户人家的厅堂陈设：“当下，走进了一个虎座的门楼，过了磨砖的天井，到了厅上。举头一看，中间悬着一个大匾，金字是‘慎思堂’三字，傍边一行‘两淮盐运使司盐运使荀玫书’。两边金笺对联，写了‘读书好，耕田好，学好便好；创业难，守成难，知难不难。’中间挂着一轴倪云林的画。书案上摆着一大块不曾琢过的璞，十二张花梨椅子，左边放着六尺高的一座穿衣镜。”

成书于光绪年间的《海上尘天影》是一部描写清代末年上海滩各色人等沪上生活的言情小说，作者邹弢虽称其小说专为儿女私情而作，内容虚构，但是书里面主人公的活动场景则是现实生活的真实写照，特别是极为详细地描写了清末开埠以后上海滩富户人家的室内陈设，为我们了解当时的民间家具提供了第一手宝贵的资料。该书第二十四回“咄咄逼人冯姑献技，空空说法谢女谈元”里不惜笔墨、用了大量篇幅细致入微地描述了一位仕女的闺房家具：

“……床前靠壁一只花梨雕画大理石面桌，一张锦缎桌套，上放一架牙嵌紫檀梳妆百宝匣，两个寸许高的白玉美人，用玻璃圆罩罩好，一枝赤金博古水烟袋，两个翠玉缸，一缸里是水晶香蜜，一缸里是刷鬓香水，另有两个香粉胭脂白玉小缸。壁上挂一幅着色李三郎秋夜定情图，是蓉湖女史所画，工细绝伦，旁边一副织金草丝对，上款韵兰女学士正宝，下款是紫薇郎书赠，一笔灵飞经体联句云：文波濯艳香犹宛，宝帐涵春梦欲仙。

床门前靠窗一只雕楠嵌牙方脚大八仙桌，一条鼻烟元缎边宫锦桌套，放着一个保险大洋灯。两只紫檀花架，上放着两个白玉盆，种着一红一绿两盆老梅椿。靠西壁两具红木嵌玻璃衣橱，橱旁架上四只金漆大皮箱，旁边一只杨妃榻，百花绣枕，灰鼠垫褥，当中一只花梨百灵小圆桌，桌上银红镶锦缎桌套，四围均有四只楠木小杌，锦缎杌套。圆桌上一只古铜盆，两只古铜鼎，均是紫檀雕座。北首靠壁一张紫檀雕栏千年长寿八宝横陈榻，紫檀雕花几，为缎子白绫边几套，放着一架报刻美人手打自鸣钟，花梨木架上一只柴窑　青长方盆，着双台水仙花。下边两个红木脚踏，居中两只五彩洋磁吐壶。壁上一架紫檀嵌黄杨五尺高的大着衣镜，旁边一副磁绿金字对，上款是韵兰大姊命书，对句是：

‘五色云舒辞烂熳，九华春殿语从容。’

从上述引文可以看出，一间小小的闺房里就陈设有多件家具，仅花梨家具就有花梨雕画大理石面桌、花梨百灵小圆桌、花梨木架等，在这些花梨家具上多摆放有金石文玩。如花梨雕画大理石桌上陈设有嵌象牙的紫檀梳妆百宝匣、白玉美人、翠玉缸等。花梨百灵小圆桌上摆放有古铜盆、古铜鼎等陈设品，花梨木架上则安放有一只柴窑长方盆。

黄花梨家具不仅在民间视为名贵的家具，在清代王府里，也被称为上等木器家具。据咸丰九年（公元1879年）二月初十日奏销档“奏为醇郡王奕譞分府应赏木器等项缮单呈览折”里，记录了醇亲王奕譞的王府“蔚秀园”里收存在的家具，提到了黄花梨家具：“总管内务府谨奏为奏闻请旨事，窍奴才瑞麟前经面奉谕旨：醇郡王奕譞分府所有蔚秀园应用木器，着将营造司器皿库收存木器等项查明开单具奏，以备赏给等因，钦此。奴才当即率同司员赴库详查该库所存木器等项，尚堪应用者分列等第，另缮清单恭呈御览伏候钦定，为此谨奏请旨等因，于咸丰九年二月初十日俱奏奉朱批圈出各项收什齐赏给钦此，查得上等木器清单：‘花梨藤心床一张，紫檀边藤心长方大床一张，梅木床一张，花梨床一张，花梨藤心床一张，紫檀床一张，花梨顶竖柜一对，紫檀竖柜一对。’”

从上述记载可以看出，黄花梨家具与紫檀家具，在王府里都被列为名贵的“上等木器”家具。

七、材美工巧——故宫黄花梨家具鉴赏

在明清家具的用材中，黄花梨家具以其高贵的质地、优良的品质、精湛的做工而闻名，受到帝王之家、皇亲国戚和民间的大户人家的青睐，而由于历史原因，民间流存的传世花梨家具所剩无多，今天在北京故宫博物院里还珍藏有许多

传世的黄花梨家具。它们多是工精料美的典范之作，具有很高的艺术价值和美学价值，下面撷选出有代表性的几件。

黄花梨十字栏杆架格：明，高198厘米，宽50.4厘米，长100厘米。这件架格通体以颜色清新淡雅的黄花梨木制成，造型简练明快，意趣盎然，给人以耳目一新之感。此架格主体构件采用方材，共分四层，均为四面全敞式。每一层的左、右、后三面设十字纹矮栏杆，栏杆用短材攒斗成十字和空心十字相间的纹样，榫卯紧密，做工精湛，比例适度，予人一种凝重中见挺拔的感觉。第二层横板下设有两个抽屉，抽屉面光素，与腿及横档齐平，屉面设白铜吊牌，是点睛之笔。值得一提的是，此架格最下层足间并未采用与整体直线为主调相谐的

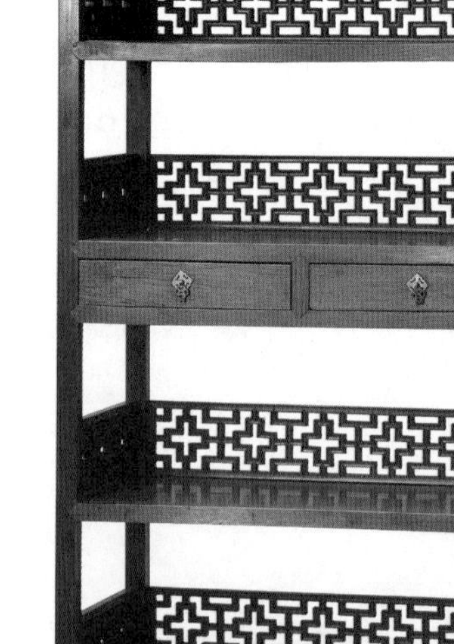

黄花梨十字栏杆架格

直牙头牙板，而是采用了线条柔婉的壶门形弧线牙板。这种曲线优美的壶门牙子与架格上层直线为主的牙子恰成互为呼应的效果，给人一种静中有动、不落俗套的观感，有锦上添花之美。

黄花梨仕女图插屏：清初，高245.5厘米，宽78厘米，长150厘米。插屏屏风底座以两块厚木雕作抱鼓墩子，上植立柱，以站牙抵夹。两柱间安枨子两根，短柱中分，两旁装饰雕螭纹绦环板，枨下安八字形的壶门式的“披水牙子”，牙子上亦浮雕螭纹。屏风插入立柱两侧的内槽口内，可装可卸。中用子框隔出屏风心，上下左右留出地方，嵌装四块窄长的绦环板，也都透雕螭纹。屏风虽高近两米半，却显得玲珑而

黄花梨仕女图插屏

精巧。屏心装饰着玻璃油画仕女图。画面上，一位举止高贵、雍容华贵的贵妇坐在椅子上，手掬鲜花，神态悠闲地于观景台上观赏着远处的风景，而一位丫环模样的年轻女子正毕恭毕敬地侍立在贵妇的身后。画面富于生活情趣，使我们可以管窥到古代仕女生活的一个侧影。此件插屏在清宫插屏中属于尺寸较大者，但是由于其图案雕刻细腻，特别是螭纹纹饰，典雅而有灵气，再加之整体造型精巧，线条流畅，故没有拙笨之感，反而颇显灵气。

黄花梨百宝嵌顶竖柜：高 272.5 厘米，长 187.5 厘米，宽 72.5 厘米。此柜以杂木为骨架，黄花梨三面包镶。柜为四面平式，分上下两层，由上层顶柜及下层的立柜组成。柜的

黄花梨百宝嵌顶竖柜

正面上下各装四门，门上设有黄铜面叶及合页，两门中间为立栓，可以随时拆卸。柜的正面用各色蜡石、螺甸等材料嵌出花草、人物、异兽，身着各色服装来自殊方异域的番人或持宝、或牵兽、或骑马，或三五聚集，谈笑风生，极富立体感和写实性，番人进宝图是明清两代家具中经常使用的装饰图案。此柜以黄铜饰件及蜡石、螺甸等材料雕琢成的人物异兽，嵌在黄花梨的柜面上，几种色调明快的材质搭配在一起，产生一种天然成趣、流光溢彩的视觉感受，这正是聪明的匠师在制作此柜时所要达到的效果。

黄花梨五彩螺甸插屏：清中期，高 114.5 厘米，宽 44 厘米，长 64.5 厘米。插屏以黄花梨木制成，屏风底座以两块厚木雕

黄花梨五彩螺甸插屏 →

成抱鼓墩子，上植立柱，以云纹站牙抵夹。屏心正面为一面光素玻璃镜，背面是髹黑漆地，以极薄的五彩螺甸嵌饰海水云龙纹。画面上，一龙腾越于海水波涛之上，一龙探头出海，龙身矫健，造型夸张，须发飘逸，龙爪肆张，周围点缀流云朵朵，构成了一幅形象生动的二龙戏珠图案。屏心之下的绦环板及披水牙子上均铲地雕刻回纹。此插屏造型精美，特别是它采用的五彩螺甸装饰在黄花梨木的插屏上，更显珠玉之配，具有极高的艺术价值。

黄花梨嵌螺甸炕桌：清中期，高 28 厘米，宽 60.5 厘米，高 91.5 厘米，桌面呈长方形，四个足子缩进桌面内。炕桌的桌面以小块的黄花梨嵌冰绽纹地子，在此地上，又在桌面的中部嵌上了五朵紫檀分瓣团花，桌面的边缘及四个角各嵌四个紫檀开光，在紫檀的团花及开光上再用螺钿及各色叶蜡石嵌螭纹、灵芝、仙鹤、番莲等花纹。其设计以鲜黄之黄花梨衬以黝黑的紫檀，再在黝黑的紫檀地子上嵌下闪光的螺甸及多色石料，使小桌深浅分明，绚丽多彩。桌面之下的四足上端装透雕螭纹牙头，腿足正面用厚螺钿嵌饰螭纹，足端做出云头腿足。这件炕桌的制作技艺十分精湛，装饰手法多样，充分体现了清宫家具装饰丰富、刻求华美的风格特点，是宫廷家具的精品杰作。

黄花梨嵌螺甸炕桌

黄花梨玉璧纹圆凳：圆凳以黄花梨木制成，凳面以六块圆形弧板结成，凳面下方的束腰上雕饰着涡纹卷珠开光，鼓腿彭牙，在其牙板与腿子相交处雕刻出涡纹谷璧的仿玉璧形象，这种玉璧形象以及源于古玉器上的卷珠涡纹，是清中期家具中较为流行的装饰纹样，广泛见于清宫的宝座、床榻、几案、椅凳、屏风上，它们也是清代宫廷家具的一个重要特征。

黄花梨玉璧纹圆凳

随着岁月的流逝，斗转星移，许多工精料细的黄花梨家具都已经湮没在历史的风尘中，不复存在了，流传有序的黄花梨家具更是寥若晨星，弥足珍贵。从上述几件黄花梨家具可以看出，这些家具无一不是工不厌精、料不厌细的典范之作。

[1]（清）程秉剑．琼州杂志诗[Z]．台湾：台湾新文丰出版股份有限公司，1986(1)：315.

[2] 大明神宗显皇帝实录[Z]．北京：中华书局出版社，1986（1）：10119.

[3]（明）王志性．广志译：卷二[Z]．北京：中华书局出版社，1981（12）：33.

[4]（明）高濂．遵生八笺[Z]．成都：巴蜀书社，1988（6）：270．

[5]（明）高濂．遵生八笺[Z]．成都：巴蜀书社，1988（6）：287．

[6]（明）李清．三垣笔记[Z]．北京：中华书局出版社，1982（5）

[7] 中国历史研究社．崇祯长编[Z]．上海：上海书店，1982（3）．

[8]（清）贺长龄．皇朝经世文编[Z]．道光七年刊本．艺芸书局珍藏．

[9]（清）吴震方．岭南杂记[Z]．台湾：台湾新文丰出股份有限公司，1986（11）：325.

[10] 大清圣祖皇帝实录：卷二百二[Z]．北京：中华书局出版社，1985（9）：63.

[11] 大清高宗皇帝实录：卷七百六十一[Z]．北京：中华书局出版社，1986（3）：374.

[12] 大清高宗皇帝实录：卷七百六十一[Z]．北京：中华书局出版社，1986（3）：374-375.

[13] 中国第一历史档案馆，香港中文大学文物馆．清宫内务府造办处档案总汇：第十三册·乾隆十年五月记事录[Z]．北京：北京出版社，2005（11）．

[14] 中国第一历史档案馆，香港中文大学文物馆．清宫内务府造办处档案总汇：第十册·乾隆六年发用银档[Z]．北京：北京出版社，2005（11）．

黄花梨的药用价值

我国海南岛所产的海南黄花梨，在今天的植物学上有一个专用中文学名，称为“降香黄檀”。在植物分类学上属于豆科（Leguminosae）、黄檀属（Dalbergia）[1]，拉丁名称为：*Dalbergia odrifera* T.Chen。

“榈木”是古人对黄花梨的常用称呼，古代医书中对于“榈木”（黄花梨）的药用功能多有论述。如前文所引用的明代大医学家李时珍的《本草纲目》卷三十五里专门谈到“榈木”：“榈木拾遗［集解］藏器曰：‘出安南及南海。用作床几，似紫檀而色赤，性坚好。’时珍曰：‘木性坚，紫红色。亦有花纹者，谓之花榈木，可作器皿、扇骨诸物。俗作花梨，误矣。’气味：辛，温，无毒。主治：产后恶露冲心，症瘕结气，赤白漏下，并锉煎服。李珣破血块，冷嗽，煮汁热服。为枕令人头痛，性热故也。”[2]“治冷嗽，以榈木煮汁热服。”《本草纲目》第三卷：“榈木……并破瘀恶血。”另据明代所编大型医书《普济方》记载，“榈木”治疗妇科疾病有一定疗效，该书卷三百三十《妇人诸疾门・崩中漏下》提到榈木：“治赤白漏下，以榈木锉水煎服。”

在祖国的医药宝库里，有一味名贵中药“降香”就是选自黄花梨的干燥心材。

权威的中药著作《南药与大南药》里，对于“降香”的来源和药理是这样表述的：“本品为豆科（Fabaceae）植物降香檀（*Dalbergia odrifera* T.Chen）树干和根的干燥心材，本种原产中国海南省，主产于中国。降香主要含挥发油和黄酮类成分。药理研究表明，降香具有抗氧化、保护心血管、抗肿瘤、抗炎、抗过敏、镇静、抗血小板聚集等作用。中医认为本品有化淤止血、理气止痛的功效。”[3]

中药降香自 1977 年起历版中国药典收载其基原均为豆科植物降香黄檀的心材。杨新全等在《全国特有濒危药用植物降香黄檀遗传多样性研究》提及：“降香黄檀（*Dalbergia odrifera* T.Chen）以树干、根的干燥心材入药，具行气活血、止痢、止血功效，为国家药典收载的名贵药材之一，现代研究发现降香黄檀有抗氧化、抑制中枢等作用。降香黄檀心材极耐腐，切面光，且香气经久不灭。野生降香黄檀主要分布于我国海南省的中部和南部，一般成片生长，形成以降香黄檀为上层树种的种植群落类型。

野生降香黄檀

由于降香具有极高药用和工艺品等价值，野生资源已遭毁灭性的破坏，被列为国家二级重点保护野生植物。”[4]

另外在《颜正华中药学讲稿》里对出自黄花梨的“降香”这味药的表述是：“来源：为豆科常绿小乔木降香檀（*Dalbergia odrifera* T.Chen）的茎干心材。全年可采，削去外皮，锯成短段，劈成小块，阴干。性能概要：味辛，性温。归肝、脾经。本品辛温芳香，其性主降，既能入气分以降气辟秽化浊，又能入血分能散瘀止血定痛。故可用治秽浊内阻，恶心呕吐腹痛；气滞血瘀所致的胸胁疼痛及淤血痹阻心脉的胸痹刺痛；还可用治跌打损伤，外伤出血等症。”[5]

1994 年，《中国民族民间医药杂志》曾发表《海南民间常用格木药整理研究》一文，此篇文章里专门谈到了海南民间以格木入药的记载。格木，海南民间称“格”，亦即茎木中具有某种颜色质地较硬的心材部分。以格木入药的称“格木药”。格木药在海南民间使用治疗常见疾病已形成特色，而格木药又分为花梨格、桑格、牛头次格、熊胆树格、黄疸

黄花梨枝干

树格等。[6]其中的花梨格就是海南黄花梨——降香黄檀的心材。“花梨格亦为降香格、降香木。为豆科植物降香檀的心材。本品盛产海南，为海南岛特产。海南人最早使用花梨格入药，用其带有棕红色的茎木心材加水研磨用以治疗各类疼痛，亦可用其粉末外敷，止痛止血。”该篇文章认为：“用花梨木制成的各种家具床桌，可以祛邪除疾，达到医疗保健作用，深受民众欢迎。‘降香’一药已收入历版中国药典。”[7]

从海南岛“降香黄檀”提取出来的“降香”这味中药，经过现代实验室的药学实验，发现其有许多重要的药用成分。中医认为其具有行气止痛、活血止血之功，用于心胸闷痛、脘胁刺痛等病症，外治跌打出血，是临床常用制剂，如冠心丹参片、乳结消散片、复方降香胶囊等中成药的主要原料。

还有一味重要的中药“降香油”，就是从降香黄檀的树干和根的干燥心材经水蒸气蒸馏提取的挥发油。[8]

降香油是治疗心血管疾病的重要药物，用其为主药制成的中药冠心丹参胶囊对于心脏病有着显著的疗效。“降香油是冠心丹参胶囊的主要原料之一。冠心丹参胶囊具有活血化瘀、理气止痛的功效，用于气滞血瘀所致的胸痹、胸闷刺痛、心悸气短及冠心病、心绞痛见上述症候者。其降香油则具有活血化瘀、止痛的作用。”[9]

据林励等研究报道，降香总黄酮含量在 2.51%~5.82% 之间。降香黄酮类化合物主要有异豆素、降香卡朋、降香黄酮。从降香黄檀心材中还分离了 27 种异黄酮，其中 12 种单元聚体黄酮和 5 种二聚体黄酮的结构得到了鉴定，还发现含有另外 4 种聚体黄酮。黄酮类成分含有黄檀素、查尔酮、异甘草素等。降香中的黄酮类化合物具有抗氧化、抗癌、抗炎、镇痛和松弛血管等作用。新黄酮类黄檀素有微弱的抗凝作用，对离体兔有显著增加冠脉流量、减慢心率、轻度增加心跳幅度的作用。查尔酮类紫铆查尔酮和异甘草素具有舒张血管的作用，双黄酮类具有降低血脂的作用。“降香水提物还有促进酪氨酸酶活性的作用，用于白癜风的治疗。”[10]

降香黄檀的具体药理作用：

治疗心血管疾病：降香黄檀对于心脏病的治疗有着特殊的疗效。它的药理作用是抗血栓、血小板聚集。心肌缺血后，血小板和红细胞易于聚集，造成血液黏度增高，红细胞携氧能力下降，心肌缺血加重。血栓的形成可减少或阻断心肌供血，进而造成心肌梗死。降香用于治疗慢性心绞痛的重要机制之一就是其抗血栓作用。根据动物实验：降香挥发油及其芳香水按 200g.L 灌胃给药，可抑制大鼠实验性血栓形成，提高血小板 cAMP 的水平，体外对兔血浆纤溶酶活性有促进作用，提示其具有抗血栓形成作用。研究人员首次从降香挥发油中分离出 2 个倍半萜成分，研究发现其具有较强的抗血小板作用，其 IC_{50} 约为 10mmol.L。

舒张血管：从降香中分离出紫铆花素对去氧肾上腺素导致的大鼠主动脉收缩有舒张作用，紫铆花素为特异性的 cAMP 磷酸二酯酶抑制剂，能抑制心肌和血管平滑肌细胞 cAMP 磷酸二酯酶的活性，使细胞内 cAMP 含量增加，从而扩张外周血管，此舒张作用具有内皮依赖性，这与内皮衍生松弛因子有关。[11]

抗氧化：“从降香中分离出的紫铆花素，具有强大的抗氧化作用，能够清除多种自由基和螯合金属离子。”此外紫铆花素还可以抑制铜离子诱导低密度脂蛋白的催化氧过程。[12]

抑制肿瘤细胞：降香中查尔酮类化合物具有广泛的抗肿瘤作用，紫铆花素能抑制乳腺癌、结肠癌、急性髓细胞性白血病等肿瘤细胞的增殖。降香中的黄酮类成分具有抗炎作用。[13]

抗炎：现代医学认为，许多慢性疾病的发病机制都涉及炎症，例如冠心病、癌症、高血脂等。因此抑制前炎症因子的生成可以作为预防或者治疗一些慢性疾病的重要靶点。脂多糖（LPS）诱导的RAW264.7小鼠巨噬细胞是常见研究炎症反应的模型。巨噬细胞在脂多糖LPS刺激下，可促使炎症因子如一氧化氮（NO）、肿瘤坏死因子α的分泌。降香中异甘草素、甘草素、柚皮素和sativanone对脂多糖诱导的RAW264.7细胞一氧化氮释放有抑制作用，并且呈明显剂量依赖关系。[14]

通过药理学实验证明，降香中的sativanone抗炎活性较佳，sativanone抑制炎症因子TNF-α的分泌，随着sativanone浓度的增加，TNF-α的分泌量减少，且呈明显的剂量依赖关系。“降香中的异甘草素、甘草素、柚皮素和sativanone通过降低一氧化氮水平发挥抗炎作用。Sativanone通过抑制炎症因子TNF-α的生成和减少一氧化氮的生成发挥抗炎作用。”[15]

镇静抗惊：降香心材的提取物可明显抑制小鼠自主活动，延长巴比妥钠的睡眠时间；可明显对抗电惊厥的发生：500mg/kg以上剂量的提取物可明显延缓烟碱引起的惊厥的出现，缩短惊厥发作时间，且呈良好的量—效关系。[16]

如上所述，降香黄檀因其内部的化学成分较多，对很多疾病都有特殊的疗效，从中医角度来讲具有行气止痛、活血止血之功，民间还认为降香黄檀具有降压的作用，而从西医现代药理学实验证明具有治疗心血管病、抗氧化、抑制肿瘤细胞的增殖、抗炎消炎、镇静安神等药效，是一味广谱的治疗药物。

[1] 周默 . 木鉴——中国古典家具用材鉴赏 [M]. 太原：三晋出版社，2006（5）：43.

[2]（明）李时珍 . 本草纲目：卷三十五 • 木部 [Z]. 北京：中华书局，2011（5）.

[3] 缪剑华，彭勇 . 南药与大南药 [M]. 北京：中国医药科技出版社，2014（8）.

[4] 杨新全，等 . 中国特有濒危药用植物降香黄檀遗传多样性研究 [J] . 世界科学技术：中医学现代化，2007（2）.

[5] 颜正华 . 颜正华中药学讲稿 [M]. 北京：人民卫生出版社，2009（1）：432.

[6] 郑才成 . 海南民间常用格木药整理研究 [J] . 中国民族民间医药杂志，1994(10).

[7] 郑才成 . 海南民间常用格木药整理研究 [J] . 中国民族民间医药杂志，1994(10).

[8] 广东省食品药品监督管理局 . 广东省中药材标准（第二册）[M]. 广州：广东科技出版社，2011：402.

[9] 广东省食品药品监督管理局 . 广东省中药材标准（第二册）[M]. 广州：广东科技出版社，2011：402.

[10] 吴可克，王舫，等 . 中药降香对酪氨酸酶激活作用的动力学研究 [J]. 日用化学工业，2003（3）：204—206.

[11] 杨志宏，梅超，等 . 降香化学成分、药理作用及药作特征的研究进展 [J]. 中国中药杂志》2013（11）: 1680 .

[12] 杨志宏，梅超，等 . 降香化学成分、药理作用及药作特征的研究进展 [J]. 中国中药杂志》2013（11）: 1680 .

[13] 杨志宏，梅超，等 . 降香化学成分、药理作用及药作特征的研究进展 [J]. 中国中药杂志》2013（11）: 1680 .

[14] 任娟，等 . 降香中黄酮类化合物对脂多糖诱导的 RAW264.7 细胞抗炎作用研究 [J]. 细胞与分子免疫学，2013（7）.

[15] 任娟，等 . 降香中黄酮类化合物对脂多糖诱导的 RAW264.7 细胞抗炎作用研究 [J]. 细胞与分子免疫学，2013（7）.

[16] 缪剑华，彭勇，等 . 南药与大南药 [M]. 北京：中国医药科技 . 2014（8）：123.

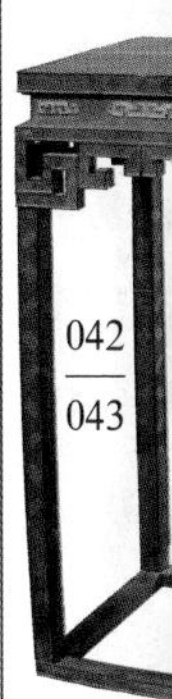

“黄花梨”之名称何时见诸史料

黄花梨是我们传统家具中所使用的名贵木材，在植物学上的学名又称为“降香黄檀”，我国海南岛有此树木，当地人称为“海南檀”，据《广州植物志》记载记:“海南岛物产……为森林植物，喜生于山谷阴湿之地，木材颇佳，边材色淡，质略疏楹，心材色红褐，坚硬，纹理精致美丽，适于雕刻和家具之用……本植物海南原称花梨木，但此名与广东木材商所称为花梨木的另一种植物混淆，故新拟此名（即海南檀）以别之。”黄花梨木因其纹理美观，色泽艳丽，是明清以来制作家具的良材。传世的古典家具中，多有以黄花梨木制成的家具，这些家具，以其造型端庄大方、线条委婉流畅成为流芳百世的典范之作。

现在我们称为“黄花梨”的木材在历史上曾有过“花榈”“花梨”“花黎”等不同称呼，但是今天的“黄花梨”称谓何时才流行起来的呢？一直以来，对于“黄花梨”这个字眼的由来，有许多不同的说法，有人认为是由于清末大量使用新的低档花梨，才在花梨之前加了一个“黄”字，也有人认为是二十世纪初，由著名学者梁思成等组建的中国营造学社为了在明式家具研究中将新老花梨区别，便将明式家具中的老花梨之前加上“黄”字，但“黄花梨”之名究竟何时才出现的，许多古典家具研究专家未能在历史资料中找到明确的记载而莫衷一是。

而笔者依据所看到的史料，认为“黄花梨”之名从清末光绪年间就已出现。笔者在查阅《大清德宗同天崇运大中至正经文纬武仁孝睿智端俭宽勤景皇帝实录》（以下简称《大清德宗皇帝实录》）过程中，发现了这样一则史料，《大清德宗皇帝实录》卷四百六记载，光绪二十三年六月，庆亲王奕劻在为慈禧皇太后修建陵寝时上奏折：“己卯，庆亲王奕劻等奏，菩陀峪万年吉地，大殿木植，除上下檐斗科，仍照原估，谨用南柏木外，其余拟改用黄花梨木，以归一律。”

奕劻上奏折一个月后，得到了光绪帝的回复，“（光绪二十三年秋七月）癸丑。谕军机大臣等，朕钦奉慈禧端佑康颐昭豫庄诚寿恭钦献崇熙皇太后懿旨，东西配殿，照大殿用黄花梨木色，罩笼罩漆，余依议。”（见《大清德宗皇帝实录》卷四百七），光绪帝的这份上谕，亦被收录到《光绪宣统两朝上谕档》里，《光绪宣统两朝上谕档》第二十三册里记载：“光绪二十三年七月二十六日，军机大臣面奉谕旨，朕钦奉慈禧端佑康颐昭豫庄诚寿恭钦献崇熙皇太后懿旨，东西配殿照大殿用黄花梨木色罩笼罩漆，余依议。钦此。”“交工程处，本日军机大臣面奉谕旨，朕钦奉慈禧端佑康颐昭豫庄诚寿恭钦献崇熙皇太后懿旨，东西配殿照大殿用黄花梨木色罩笼罩漆，余依议，相应传知王大臣钦遵办理可也。”另据《大清德宗皇帝实录》卷四百三十记载，光绪二十四年九月：“庆亲王奕劻等奏，吉地宝龛木植漆色，请旨，遵行得旨、著改用黄花梨木，本色罩漆。”

从上述记载可知，清末光绪年间，庆亲王奕劻在河北遵化菩陀峪为慈禧修建陵寝时，提议其陵寝内大殿的建筑材料使用“黄花梨木”：“大殿木植，除上下檐斗科，仍照原估，谨用南柏木外，其余拟改用黄花梨木，以归一律。”

以上为《大清德宗皇帝实录》《光绪宣统两朝上谕档》

中有关“黄花梨木”的文献记载，庆亲王奕劻在修慈禧陵时建议使用“黄花梨木”，获得批准。但是我们今天所看到的慈禧陵内大殿的建筑材料是否确实采用黄花梨木制成呢？为此笔者特地打电话向曾任清东陵文物管理处研究室主任的徐广源先生请教，得到了徐先生的肯定回答，据徐广源先生说，清菩陀峪定东陵慈禧陵内的大殿使用了黄花梨木作材料，这在清代陵寝中是极为奢华的。

笔者后来又找来徐广源先生所著的《清朝皇陵探奇》一书，该书详细记载了慈禧陵的修建及重修经过。慈禧的菩陀峪定东陵于同治十二年（公元 1873 年）八月二十日破土兴工，经过六年的紧张施工，于光绪五年六月建成。但是光绪二十一年八月，东陵守护大臣上奏朝廷，说菩陀峪万年吉地各建筑因连年雨水过多，多有渗漏、糟朽、爆裂、酥碱等情形，要求派人查戡，抓紧修理。慈禧于是抓住这个机会，从中大做文章，最终又进行了耗资巨大的重修工程。在重修工程中，原菩陀峪定东陵内的方城、明楼、宝城、大殿等一律拆除重建，光绪二十二年九月下旬，慈禧陵大殿拆卸完毕。发现部分大件木构件有糟朽裂缝现象，这是原估时未料想到的。经过现场勘视，决定将 235 件大木件中的 208 件更换为新木件，仅留用 27 件。负责慈禧陵维修的奕劻、荣禄为讨好慈禧，决定将三殿所有大木构件全部改用珍贵的黄花梨木，“慈禧陵隆恩殿和东西配殿，除斗拱使用楠木外，其他所有木料全部改用黄花梨木”，这与笔者在《大清德宗皇帝实录》里所看到的慈禧陵大殿采用“黄花梨木”的文献记载是相符的。

如上所述，史料里正式出现“黄花梨”的记载应是在光绪年间，《大清德宗实录》卷四百六记载庆亲王奕劻上折内称：“菩陀峪万年吉地，大殿木植，除上下檐斗科，仍照原估，谨用南柏木外，其余拟改用黄花梨木，以归一律。”奕劻上这份奏折的时间是光绪二十三年六月，也就是公元1897年，这是笔者目前所看到的关于“黄花梨木”在历史文献上出现的最早、最明确的记载。

慈禧菩陀峪定东陵隆恩殿外景 →

盛世华彩凝匠心

——中国古代紫檀使用史

一、木中极品“紫檀木”

中国的家具艺术，是我国传统文化艺术宝库中一朵璀璨的奇葩，有着悠久的发展历史，在其漫长的发展历程中，形成了以“材美工巧”为特点的中国家具特有的神韵。“工欲善其事，必先利其器”。中国的传统家具，是能工巧匠的巧手妙思与优美材质相得益彰的产物。在我国的传统家具中，紫檀家具可以说是极具特色的一类家具。

紫檀木是极为名贵的木材，因其生长缓慢，非数百年不能成材，成材大料极难得到，且木质坚硬，致密，适于雕刻各种精美的花纹，紫檀木的纹理纤细浮动，变化无穷，尤其是它的色调深沉，显得稳重大方而美观，故被视为木中极品，有“一寸紫檀一寸金”的说法。檀香紫檀产于亚洲热带地区，如印度、越南、泰国、缅甸及南洋群岛。历史记载在我国云南、两广等地亦曾有少量出产。据说最好的紫檀是产于印度半岛南端的迈索尔邦的檀香紫檀，俗称小叶紫檀。

紫檀为常绿亚乔木，高五、六丈，叶为复叶、花蝶形，果实有翼，木质甚坚，色赤，入水即沉。边材窄、白色；心材鲜红或橘红色，久露空气后变紫红褐色；材色较均匀，常见紫褐色条纹。生长轮不明显。有光泽，具特殊香气，纹理交错，结构致密，耐腐、耐久性强。材质硬重，细腻。

紫檀木样

《博物要览》和《诸番志》把紫檀划归檀香类。认为紫檀是檀香的一种，《博物要览》载："檀香有数种，有黄白紫色之奇。今人盛用之。江淮河朔所生檀木即其类，但不香耳。"又说："檀香出广东、云南及占城、真腊、爪哇、渤泥、暹罗、三佛齐、回回诸国。今岭南等处亦皆有之。树叶皆似荔枝，皮青色而滑泽。"檀香皮质而色黄者为黄檀，皮洁而色白者为白檀，皮紫者为紫檀木，并坚重清香，而白檀尤良。《诸番志》卷下说："其树如中国之荔枝，其叶亦然，紫者谓之紫檀。"

二、我国紫檀木使用历史悠久

紫檀这种良材，很早就为国人所认识。我国古代最早关于"檀"的记载，始见于《诗经·伐檀》："坎坎伐檀兮，置之河之干兮"。一句熟悉的诗句似乎诉说早在春秋战国以前，人们就已认识并利用了"檀"木。但诗句中所指的"檀"，古代本有“善木”的意思，其涵盖的木材范围显然要比现在大的许多。目前所知，我国古代最早关于“紫檀”的明确记载，始于东汉末期。晋代崔豹《古今注》注：“紫梠木，出扶南，色紫，亦谓之紫檀。”

明人曹昭在《新增格古要论》中记述紫檀这种木材：“紫檀木出交趾、广西、湖广，性坚好，新者色红，旧者色紫，有蟹爪纹，新者以水湿浸之，色能染物，作冠子最妙。”[1]紫檀木主要产自热带地区，在我国生长不多，由于这种木材生长缓慢，非数百年不能成材，成材大料极难得到，且木质坚硬、致密，适于雕刻各种精美的花纹，纹理纤细浮动，变化无穷，尤其是它的色调深沉，显得稳重大方而美观，故被视为木中极品，有“一寸紫檀一寸金”的说法。

“紫檀”名称虽然早就见诸晋代文献，但有关以紫檀木打造器物的记载却是始于隋唐时代。全唐诗卷四孟浩然《凉州词》诗云：“混成紫檀金屑文，作得琵琶声入云。

《客座赘语》卷三记载，隋朝初年，隋炀帝为晋王时，曾赐予一位高僧衣物等物品，其中就有一架紫檀巾箱。“隋炀帝为晋王，嚫戒师衣物，有圣种纳袈裟一缘，黄纹舍勒一腰，绵三十屯……黄丝布隐囊一枚，紫檀巾箱一具……”

另外《全唐诗》里也记载了唐代乐器上就有紫檀部件。《全唐诗》卷十一张藉《宫词》里记载：“黄金捍拨紫檀槽，弦索初张调更高。尽理昨来新上曲，内官帘外送樱桃。”又《全唐诗》卷十五李宣古《杜司空席上赋》：“红灯初上月轮高，照见堂前万朵桃。觱篥调清银象管，琵琶声亮紫檀槽。”又《全唐诗》卷二十王仁裕《荆南席上咏胡琴妓二首》：“红妆齐抱紫檀槽，一抹朱弦四十条。”

唐代诗句笔下所记的“紫檀槽”，就是中国唐代乐器曲

日本正仓院藏紫檀五弦琵琶

项琵琶上的重要组成部分“琵琶槽”，琵琶槽本是琵琶工艺制作中非常考究的部分，因为它与琵琶的音质、音色共鸣都有着直接关系，故曲项琵琶槽一般采用较为优质的木材做成，而紫檀木因为木质坚实，纹理细致，色泽晶莹、美观，故被唐代的工匠选为制作琵琶的上好材料。从现存的实物来看，今天在日本正仓院所藏的唐代文物中，就有一件螺甸紫檀五弦琵琶琴，这件紫檀五弦琵琶琴，为上述诗文中的记载提供了具体的物证。

而据史料可查，在中国古代宫廷中最早使用紫檀，也是在唐代这一时期，《旧唐书》记载唐开元时，收集天下图书："甲乙丙丁四部各为一库，置知书官八人分掌之。"其集贤院御书，"经库皆钿白牙轴，黄缥带，红牙签；史书库钿青牙轴，缥带，绿牙签；子库皆雕紫檀轴，紫带，碧牙签。"可知，唐代内府里书库的"子库"中，就有用紫檀木雕成的书轴。另外，《南村辍耕录》里也记载了唐代开元时以紫檀木作书画轴头的史实："唐贞观开元间，人主崇尚文雅，其书画皆用紫龙绸绫为表，绿文纹绫为里，紫檀云头杵轴……"《玉海》卷八记载："唐中和节，赐尺镂牙尺，紫檀尺，李泌请以二月朔为中和节……六典中尚令二月二日进镂牙尺紫檀尺。"

明代文人李栩所著的《戒庵老人漫笔》里，更记载了一则唐代女皇武则天为其宠禽打造紫檀棺材的典故："唐武后畜一白鹦鹉，名雪衣，性灵慧，能诵心经一卷。后爱之，贮以金笼，不离左右。一日戏曰：'能作偶求脱，当放出笼'。雪衣若喜跃状，须臾朗吟曰：'憔悴秋翎以秃衿，别来陇树岁时深。开笼若放雪衣女，常念南无观世音'。后喜，即为启笼。居数日，立化于玉球纽上，后悲恸，以紫檀作棺，葬于后苑。"[2] 从上述文献记载可知，早在唐代，我国古代的能工巧匠们就已经用紫檀木打造器物了，但这时的紫檀木，主要还是被用作乐器"琵琶"上的部件"琵琶槽"或卷书的画轴之类。

而据《啸亭杂录》卷八记载，宋代徽宗时期有用紫檀制作的盛装画轴的画匣。"五国城，五国城在今白都纳地方。乾隆中，副都统绰克托筑城，掘得宋徽宗所画鹰轴，用紫檀匣盛瘗千余年，墨迹如新。"

三、元代宫廷紫檀使用考

宋代以后，伴随着社会经济的不断发展，手工业技术水平较之以前也有了进一步提高。元代是由中国北方少数民族蒙古族建立起来的政权，蒙古民族起自溯漠，以武定国。在东征西讨的过程中，固然对于被征服地的社会经济产生了很大的破坏作用，但是立国之后，元朝统治者一方面采取偃文修武、重工抑儒的政策，另一方面又开始重视发展社会经济和农业生产，开垦荒地，兴修水利。在手工业方面，由于世界各地手工业技术和科学知识的交流，各地科学家、技术家和技术工人征调来元朝，更加促进了手工业生产技术的提高和产品的增加。若干生产部门中，如棉纺织业、印刷业和火炮制造业以及瓷器业的生产技术，都有所发展。在经济发展的同时，元代统治者十分重视海外贸易，这一时期的海外贸易十分发达。

元代领土辽阔，交通发达，农业、手工业的恢复和发展，提供了满足国内市场需求以外的多余商品，促使商人的贸易由国内转到国外。罗盘针的广泛应用和航海技术的进步，为开展海外贸易提供了有利的条件。在商业的需要下，元政府除了保持原有的贸易联系外，还在更多的国家和地区，开辟了新的海外贸易关系。欧、亚、非洲的商贾远来中国，从事贸易活动，同时元政府还派使臣频繁出使海外，并鼓励元商参与对外贸易。元朝的贵族、官吏多经营海外贸易。在对海外贸易的过程中，来自殊方异域的特产源源不断地流入国内，许多舶来品甚至进入了元朝宫廷，这些进入元朝宫廷的舶来品中，除了犀角、象牙、珍珠、宝石、香料等所谓的专供皇室贵族、权门豪强消费的奢侈品——“细货”外，也有一部分是手工业产品所需的珍贵原料，这其中不能不谈到元世祖近臣亦黑迷失及其进献给元代宫廷的珍贵木材“紫檀木”。

亦黑迷失又称也黑迷失，元畏兀儿人。初充世祖宿卫。至元九年（公元 1272 年）、十二年两度出使海外，十八年授荆湖占城行省参知政事。二十一年，使僧迦剌国（今斯里兰卡）还，复从攻占城。二十四年，使马八儿国（今印度半岛东南部）。复充宿卫。授江淮行省左丞，行泉府太卿。二十九年，以熟悉海道，拜福建行省平章政事，副史弼侵爪哇，兵败，与史弼等并获罪削职。至大三年（公元 1310 年），起为平章政事，集贤院使，领会同馆事，告老家居。[3]

亦黑迷失历仕世祖、成宗、武宗三朝，可谓“三朝元老”。他奉元廷旨意，数度泛海浮舟，出使外洋，经验丰富，在远赴海外期间，亦黑迷失特意留心于殊方异域的番货、远物、珍宝、奇玩。对于产于西南洋地区的紫檀木，亦黑迷失更是格外倾心。据《元史》记载，亦黑迷失于“至元二十四年，使马八儿国，取其佛钵舍利，浮海阻风，行一年乃至。得其良医善药，遂以其国人来贡方物，又以私钱购紫檀木殿才并献之。”[4] 当时元朝宫廷正大肆营建大都的宫殿，而紫檀木对于元朝宫廷来说，是不可多得的珍贵的殿材，所以亦黑迷失在出使西南洋的“马八儿国”期间，又以私家钱重金购得紫檀木献给元廷。

马八儿国是印度南部的古国，文献记载马八儿与俱蓝国，是“忻都田地里”（元代对印度次大陆的统称）中“足以纲领诸国”的两个重要国家，与元朝关系密切，自至元十六年（公元 1279 年）起，马八儿国多次遣使入元，带来珍珠、象、犀、奇兽等物。马八儿国位于今印度南部的马拉巴尔（Malabar）[5]，其地理位置与今天印度西南部的迈索尔（Mysore）接近，而印度西南部正是植物学界公认的极为名贵的“檀香紫檀”的唯一产地。根据西北农林科技大学出版的《家具用木材》一书转引《红木》标准的规定，紫檀木类适用的树种只有一种，即“檀香紫檀”：“红木共分八类……其中紫檀木类的适用树种仅一种，为‘檀香紫檀’(Pterocarpus santalinus)，产地：南亚一带的印度南部。”[6] 又据故宫博物院研究员胡德生先生讲：“属于紫檀属的木材种类繁多，但在植物学界中公认的紫檀只有一种‘檀香紫檀’，俗称‘小叶檀’，真正的产地为印度南部，主要在迈索尔邦”。[7] 可知，亦黑迷失从印度南部马八儿国购进的紫檀木殿材，应是极为名贵的“檀香紫檀”，也就是今天植物学界中所公认的“小叶紫檀”。

亦黑迷失不辞劳苦，出使重洋，“取佛钵舍利”“得良医善药”，同时又以重金为皇家进献紫檀木，其一片忠心，深得世祖皇帝的赏识。史载亦黑迷失回国后，“尝侍帝（元世祖忽必烈）于浴室，问曰：‘汝逾海者凡几？’对曰：‘臣四逾海矣。’帝悯其劳，又赐玉带，改资德大夫，遥授江淮行尚书省左丞，行泉府太卿。”[8] 元世祖忽必烈去世后，成宗继位，亦黑迷失又于成宗元贞二年（公元 1296 年），再次向元朝宫廷进献紫檀木。成宗元贞二年五月丁酉，“也黑迷失（即亦黑迷失）进紫檀，赐钞四千锭”[9] 受到了成宗皇帝的厚赏。

亦黑迷失向元廷进献的这批紫檀木，究竟用在了什么地方？笔者在前文中曾有叙述，亦黑迷失于至元二十四年（公元 1287 年）出使马八儿国后，“以私钱购紫檀木殿材并献之”，说明亦黑迷失以重金购买的这批紫檀木是元大都宫殿建造中不可多得的珍贵的建筑材料。据文献记载，元朝的宫殿建筑中有一座紫檀殿，就是采用亦黑迷失进献的紫檀木建筑而成。元朝王士点所撰的《禁扁》一书曾专门记载了元大都各个宫殿的殿名，其内就有“紫檀（西）”[10]殿之名。说起紫檀殿，不能不简要地谈一下元大都的宫殿。元世祖忽必烈继位后，自上都（和林）迁往大都，元大都开始兴建于至元四年（公元 1267 年），在金中都东北郊外以琼华岛以金大宁宫一带为中心建设一座新城，大都城由刘秉忠等人主持规划，他们按古代汉族传统都城的布局进行设计，历史八年建成。

在修建大都的同时，元朝的宫殿也开始了紧锣密鼓的施工。大都城由外城、皇城及宫城三套城组成，其中元朝的宫殿是大都城中的主要建筑。元朝大都的宫殿，是陆续修建完成的。“至元十年（公元 1271 年）十月初建正殿、寝殿、香阁、周庑，两翼室。十一年（公元 1274 年）正月朔，宫阙告成，帝始御正殿，受皇太子诸王百官朝贺。十一月起阁南大殿及东西殿……至元十八年二月，发侍卫兵完正殿。”[11]至元二十一年（公元 1284 年）正月，帝御大明殿，右丞相和尔果斯率百官奉玉册玉宝上尊号，诸王百官朝贺如朔旦仪。“元至元二十八年（公元 1291 年）三月……发侍卫兵营紫檀殿。”[12]

元大都宫殿内有许多独具特色的建筑，而紫檀殿就是其中一座。从“至元二十八年三月……发侍卫兵营紫檀殿”这则史料看，紫檀殿修建年代要晚于元大内其他宫殿，建于至元二十八年。据史书记载，紫檀殿位于大明寝殿的西侧，“大明殿为登极、正旦、寿节会朝之正衙。寝殿后连香阁，文思殿在寝殿东，紫檀殿在寝殿西。”[13]而陶宗仪的《南村辍耕录》对紫檀殿的记载最为详细具体。“文思殿在大明寝殿东，三间，前后轩，东西三十五尺，深七十二尺。紫檀殿在大明寝殿西，制度如文思，皆以紫檀香木为之，缕花龙涎香，间白玉饰壁，草色髹绿，其皮为地衣。”[14]从陶氏所记可知紫檀殿的装修极为讲究，陶氏文中记载紫檀殿的“制度如文思”，说明紫檀殿的尺寸与大明寝殿东侧的文思殿一样，东西长三十五尺，南北深七十二尺。紫檀殿的整体建筑“以紫檀香木为之”，除采用极品硬木紫檀木建造外，又在殿内装饰缕花龙涎香，在墙壁上镶嵌有晶莹剔透的白玉，可谓不计工本，极尽奢华，可以想见当年这座宫殿金碧辉煌、流光溢彩的盛景。

紫檀殿建成后，元代帝王曾在此召见高丽王世子及从臣，赐宴饮酒，此外，一些祈祥求瑞的巫术活动也在此进行。《朝鲜史略》记载：高丽忠烈王十七年（即元世祖至元二十八年，公元1291年），元世祖于紫檀殿内召见高丽忠烈王世子及从臣。“帝召见世子于紫檀殿，御案前有物，大圆小锐，色洁而贞，高可尺有五寸，内可受酒数斗，乃摩诃钵国所献骆驼鸟卵也。帝命世子观之，仍使可臣赋诗以进。可臣献诗曰：‘有卵大如瓮，中藏不老春。愿将千岁寿，醺及海东人。’帝嘉之，辍赐御羹。”[15]另据史载，“高丽忠烈王十八年（元世祖至元二十九年，公元1292年）八月，遣郎将秦良弼押咒人巫女如元，帝召之也。九月，帝御紫檀殿引见，世子令咒人巫女等入殿执帝手足咒之，帝笑。”[16]又，元英宗“至治间，燕人史骡儿善琵琶，蒙上爱幸。上使酒，无敢谏者。御紫檀殿，一日饮，骡儿歌殿前欢曲，有酒神仙之句。上怒，叱左右杀之。后悔曰：‘骡以酒讽我也。’”[17]

从上述文献记载来看，元代帝王于紫檀殿内召见高丽王世子及从臣，赏赐御羹，又在此秘招高丽巫女咒人，祈祥求瑞，或在此殿豪饮无度，为伶人所讽谏，可见紫檀殿并非元代帝王处理朝政、举行重大朝会活动的正殿，而是属于款待藩属、秘作符咒、或暴殄豪饮之所，元代帝王的一些与朝会政事无关的活动选在此殿进行。紫檀殿虽非正殿，但它在元朝宫殿中的地位非同一般，元朝世祖皇帝忽必烈最后病逝之所，就是在紫檀殿内。元世祖至元“三十一年（公元1294年）春正月壬子朔，帝不豫，免朝贺。癸亥，知枢密院事伯颜至军中。庚午，帝大渐。癸酉，帝崩于紫檀殿。”[18]元世祖皇帝忽必烈病情危笃后，于紫檀殿内辞世，正说明了该殿在世祖皇帝去世前的病情加重时刻，为世祖皇帝的就寝休憩之寝殿，紫檀殿在元代皇宫里的重要性于此可见一斑。

元代宫廷里除了以紫檀木建造的宫殿“紫檀殿”外，在其他一些宫殿里还陈设有紫檀器用家具等。如元人陶宗仪在《南村辍耕录》一书中记载元朝大内延春阁的寝殿之内，就设有紫檀宝座。“寝殿楠木御榻，东夹紫檀御榻。”[19]此外，在元大都宫殿内供奉祖先御容的“神御殿”里，其所供奉的帝后御容的画轴，也用紫檀木制成。“其绘画用物……大红销红梅花罗四十尺，红绢四十尺，紫梅花罗七尺，紫檀轴一。”[20]元代的卤薄仪仗中，也出现了以紫檀木雕成的海水龙纹。如“木辂，黑质，金妆，青绿藻井，栲栳轮盖。外施金妆雕木云龙，内盘描金紫檀雕福海圆龙一，顶上匝以金鍮石耀叶，八十有一。”[21]

综上所述，元代由于社会经济的发展，对外贸易的发达，使得来自殊方异域的名贵紫檀木大量进入元代宫廷中。元代紫檀的使用，较之其以前唐代宫廷里的“紫檀轴”、唐武后为宠禽鹦鹉打造的紫檀小棺等范围更广。元代皇宫中不仅有以亦黑迷失进献的大量紫檀木为构架栋材建造的“紫檀殿”，而且元代禁宫大内的一些家具器用陈设等也都采用紫檀木制成，从神御殿里的紫檀画轴、“紫檀御榻”以及雕饰紫檀福海龙纹的卤薄仪仗都包括在内，值得一提的是，元末文人陶宗仪在其所著的《南村辍耕录》里记载的延春阁寝殿内的宝座“紫檀御榻”，是我国古代文献中首次明确出现以紫檀木制成坐具的记载。虽然元代宫廷里紫檀器用家具使用的普遍程度不能和以后的明清两代相比，但不可否认，紫檀木在元代宫廷中的使用已占一定比例，这也是前所未有的。

迄今为止出版的中国传统家具的著作中，多数观点都认为紫檀在明代始为皇家所重视，并被大量采伐，进入明清两代的宫廷中。而笔者综析上述史料得知，在明以前的元代，紫檀木就已为皇家所重视，元世祖近臣亦黑迷失泛海浮舟，在出使海外的过程中，以私钱购进大量紫檀木殿材进献宫廷，而元代皇宫里的“紫檀殿”，是以亦黑迷失进献的这批数目可观的名贵紫檀木为栋材构架建造而成，可以说是前所未有的创举，这座宫殿以“紫檀”作为殿名，这种根据建筑木材的材质冠名的宫殿在中国历史上也是极为罕见的。紫檀殿虽非正殿，但元代帝王频频御临此殿，或在此款待高丽王世子从臣、或在此殿秘招巫人，或在此殿毫无节制的豪饮，而元世祖忽必烈于至元三十一年（公元 1294 年）寿终正寝的地点，也是在“紫檀殿”内，从中可以反窥出“紫檀殿”在元代皇宫中的重要地位。可惜的是，元亡之后，元朝皇宫中的多数建筑遭到拆毁，紫檀殿及元朝宫苑里的紫檀器用家具也未能幸免，一同湮没在历史的风尘中。好在今天我们还能从文献资料中得知当年元代的宫殿里曾存在过一座构思奇巧、工精料细的紫檀殿及紫檀器用家具等，这些记载将中国古代宫廷中使用紫檀的历史向前推进了一步。

四、明代富室之家的点缀——紫檀家具器物

明代是中国家具的黄金阶段。明代建国之初，面对百废待举的现实，明朝中央政府采取一系列有利于发展生产的措施，奖励农耕垦荒，移民屯田、兴修水利，大力鼓励农民种

明太祖朱元璋像

植桑、棉、漆、桐，使农业生产很快得到恢得，调动农民了积极性。此外，还大力发展手工业的生产。元代统治者将手工业者视为“工奴”，将手工业者划归为“匠户”，凡划为“匠户”的手工业者不得改业。明代以降，解除了元朝时期对手工业者的人身限制，将全国居民分为“民户”“军户”“匠户”三类。其中被称为“匠户”的手工业者不仅可以自制产品出售，而且可以请求改业，或农或商不受限制。明代匠户虽然和元代一样，“役皆永充”子孙不得改籍，但人身依附关系有所削弱。洪武十二年（公元 1378 年），太祖“命工部凡在京工匠赴工者，月给薪米盐蔬，休工者停给，听其营生勿拘，时在京工匠凡五千人，皆便之。”废除元代匠户长年服役的制度，工匠可以部分自由支配自己的时间，准许休工工匠自由经营生产。这些措施提高了手工业者的生产和创造的积极性，为手工业的发展提供了条件。所以，明代的陶瓷、漆器、纺织等手工业，均得到了长足的发展，并产生了我国古代最著名的百科全书《天工开物》和一些园艺、工艺等方面的专著《园冶》《髹饰录》《鲁班经》等书籍。

由于经济的繁荣，这时期的对外交流也较为频繁。为了扩大对外影响，发展对外关系，明帝国对于国际交往亦颇注意。洪武、永乐间，多次派遣使臣刘叔勉、马彬等人分赴爪哇、暹罗、满剌加、苏门答腊等国访问。永乐、宣德间，郑和率领大批船舶，七下南洋，促进了中外文化交流。伴随着郑和下西洋，产于东南亚一带的优质木材源源不断地输入国内，朱棣推行的扩大贸易的政策，取得了巨大成就，正如严从简所说："自永改元，遣使四出，招谕海番，贡献毕至，奇货重宝前代所希，充溢库市，贫民承令博实，或多致富。而国用亦羡裕矣。"（《殊域周咨录》卷九《佛郎机》）周起元所著《东西洋考》也记载："我穆庙（即明穆宗）时除贩夷之律，于是五方之贾，熙熙水国，捆载珍奇，故异物不足述，而所贸金钱，岁无虑数十万，公私并赖，其殆天子之南库也。"

由于材源充足，民间的能工巧匠们可以随心所欲，纵情驰骋于斧凿之间，生产了大批硬木家具。由此，无论是宫廷贵族、富商巨贾，还是广大的市民，社会各阶层出现了争以搜罗硬木家具的习尚，相沿成风。据明人范濂《云间细目钞》记载："细木家伙，如书桌、禅椅之类，余少年不曾一见，民间只用银杏金漆方桌。自莫廷韩与顾宋两公子用细木数件，亦从吴门购之。隆万以来，虽奴隶快甲之家，皆用细器，而微小之木匠，争列肆于郡治中。即嫁妆杂器，俱属之矣。纨绔豪奢，又以椐木不贵，凡床橱几桌，皆用花梨、瘿木、乌木、相思木与黄杨木，极其贵巧，动费万钱，亦俗之一靡也。”王志性《广志绎》也讲到：“姑苏人聪慧好古，亦善仿古法为之……又如斋头清玩，几案床榻，近皆以紫檀花梨为尚。尚古朴不尚雕镂。即物有雕镂，亦皆商、周、秦、汉之式。海内僻远，皆效尤之，此亦嘉、隆、万三朝为始盛之。” 从王志性《广志绎》一书中可知，当时一些优质硬木如花梨、紫檀木制成的家具已经进入到一些富户巨室之家。

据有的学者研究，在明代江南城市园林出现过两个高潮，一个是成化、弘治、正德间，另一个是嘉靖、万历年间，而后一个时期较诸前者，声势更为浩大。明中叶江南出现的城市乡居化，更加速了园林的发展。所谓乡居化，应该包括两方面的含义：一是达官贵人、富商大贾，腰缠万贯，追求高消费乃至高品质的享乐生活，由城居地主向乡居地主移动，到乡间的山崖水曲，修建别墅、园林，远避城市的喧嚣，追求一种“雪满山中高士卧，月明林下美人来”的精神境界，及四时均有天然景色尽收眼底的赏心乐事。二是在城内寻求乡村的野趣，财力雄厚之人就在城里建筑园林美景，财力一般之人也罗至奇花异木或者怪石，植修生数竿，以求足不出户，也能赏悦村景，饱览田园风光与大自然的野趣。明代中后期大肆兴起的造园之风，需要有大量的家具充斥其间，明代的文人以及当时一些资产雄厚的富户巨室对于当时家具的陈设及制作均起到了重要的作用，其中紫檀家具成为当时富有阶层室内重要的陈设家具。

这点由明代流传下来的一些言情小说中也有所反映。明末方汝浩编著的社会言情小说《禅真逸室》一书中就记载在妙香寺的一处房间里，陈设有包括紫檀在内的多种家具。该书第七回记载：“赵婆引路，一同进去。转弯抹角，都是重

明万历刻本《仙媛纪事》插图里少妇所躺的架子床，与凉床的形制接近

门小壁，足过了六七进房子，方引入一间小房里。黎赛玉仔细看时，四围尽是鸳鸯板壁，退光黑漆的门扇，门口放一架铁力木嵌太湖石的屏风，正面挂一幅名人山水，侧边挂着四轴行书草字。屏风里一张金漆桌子，堆着经卷书籍，文房四宝、图书册页、多般玩器。左边傍壁，摆着一带藤穿嵌大理石背的一字交椅。右边铺着一张水磨紫檀万字凉床，铺陈齐整，挂一顶月白色轻罗帐幔，金帐钩桃红帐须。侧首挂着一张七

明崇祯间刻本《英雄谱图赞》插图，图中官员站于屏风前，背手而立，其身后的架格上摆满了图书

弦古琴，琴边又斜悬着几枝箫管，一口宝剑。上面放着一张雕花描金供桌，侍奉一尊渗金的达摩祖师。”这段描述为今人了解明代居室内部的家具陈设情况提供了翔实的佐证。其中最引人注目的就是屋中右侧摆放的这张“紫檀万字凉床”。凉床是一种带有飘檐、踏步及花板的拔步床。《通俗常言疏证》引《荆钗记》：“可将冬暖夏凉描金漆拔步大凉床搬到十二间透明楼上。”这张紫檀万字凉床，做工精巧，装饰奢

华，床面上铺陈齐整，床上的挂檐上挂一顶月白色轻罗帐幔，装饰有金帐钩桃红帐须，应是一件精雕细做的紫檀家具。

另外在描写魏忠贤发迹史的小说《梼杌闲评》里描写兵部贪官崔呈秀豪宅里的陈设，其中就有紫檀家具，《梼杌闲评》第四十八回《转司马少华纳赂、贬凤阳臣恶投环》里写道："文梓雕梁，花梨裁槛。绿窗紧密，层层又障珠帘；素壁泥封，处处更绣白巘。云母屏晶光夺目，大理榻皎洁宜人。紫檀架上，列许多诗文子史，果然十万牙签；沉香案头，摆几件钟瓶彝，尽是千年古物。"书中描写崔呈秀宅中有云母屏风、大理石榻，沉香大案，还有紫檀架，文中描写这件"列许多诗文子史，果然十万牙签"的紫檀架其实就是一种专为盛放文玩书籍的架格，这种架格在传世于今的明式家具中多有出现。

紫檀器用家具渗透到当时社会生活的各个方面，在明代文人笔记里也有所反映。明代文人高濂所著的《遵生八笺》里，提到了书室中书房案头陈设有紫檀小几："今吴中制有朱色小几，去倭差小，或如香案，更有紫檀花嵌。"[22] 当时佛教信徒居士所戴的念珠中，亦出现了紫檀制品。该书《起居安乐笺·下卷》记载"念珠，以菩提子为上……有玉制者……紫檀乌木棕竹车者，亦雅。"[23]"竹冠制維偃月高士二式为佳，他无取焉，间以紫檀黄杨为之亦可，近取瘿木为冠以其形肖微似，以此束髮，终少风神。"

而文人书房里的紫檀文具更是数不胜数。《遵生八笺》"燕闲清赏笺"记载：明代流行剔红雕嵌等文物玩器物，雕刻名家辈出，其中就有不少精雕细嵌的紫檀器物，"论剔红倭漆雕刻镶嵌器……又如雕刻宝嵌紫檀等器，其费心思工本亦为一代之绝……嗣后有鲍天成、朱小松、王百户、朱浒崖、袁友竹、朱龙川、方古林辈皆能雕琢犀象香料紫檀图匣、香

紫檀卷书式小几

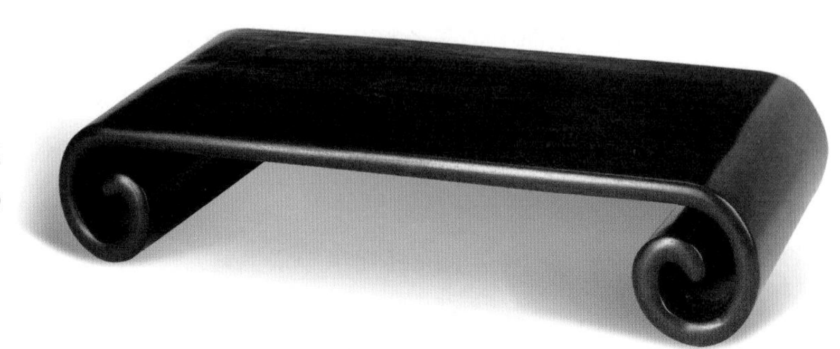

盒、扇坠、簪钮之类，种种奇巧，迥迈前人。”[24]《遵生八笺》“燕闲清赏笺”记载：“用古砚一方，以豆瓣楠紫檀为匣，或用花梨亦可……笔床之制，行世甚少。余得一古鎏金笔床，长六寸，高寸二分，阔二寸余，如一架然，上可卧笔四矢。此以为式，用紫檀乌木为之亦佳……墨匣，以紫檀乌木豆瓣楠为匣，多用古人玉带花板镶之……笔船，有紫檀乌木细镶竹蔑者，精甚。有以牙玉为之者，亦佳……”[25]从上述引文可知，明代文人书房里有紫檀图匣、放砚台的紫檀砚匣、放置墨锭的紫檀墨匣和紫檀笔船等文具。

在《万历野获编》里还记载着明代江南吴中一带所使用的“折扇”即有用紫檀制成者，“今吴中折扇，凡紫檀象牙乌木者，俱目为俗制”可知，当时江南地区生产的折扇，多有用紫檀象牙乌木所制者，然而，此种折扇可能数量太多，又过于浮华，所以多为名士所不耻。[26]另外明代文人文震亨的《长物志》里也记载明代文人的书房里有不少紫檀文具，该书卷七“器具”里记载明代文人的书房里有紫檀笔船、紫檀笔筒，“笔筒……紫檀、乌木、花梨亦间可用。笔船，紫檀、乌木细镶竹篾者可用，惟不可以牙玉为之”。[27]《长物志》卷六记载当时明代文人居室内部的卧具榻里就有紫檀制成者：“几榻，榻坐高一尺二寸，屏高一尺三寸，长七尺有奇，横

明代九虬纹笔筒 →

一尺五寸，周设木格中实湘竹，下座不虚三面靠背后背后两傍等，此榻之定式也，有古继纹者，有元螺钿者，其制自然古雅，忌有四足或为螳螂腿，下承以板则可，近有大理石镶者，有退光朱黑漆，中刻竹树以粉填者，有新螺钿者大非雅器，他如花楠、紫檀、乌木、花梨照旧式制成俱可用。”[28]

在明代文人谢肇淛《五杂组》卷十二“物部四”还记载江南盛茶的茶具里面，就有紫檀制作者：“茶注”也有用紫檀制成的，“茶注……吴中造者，紫檀为柄，圆玉为纽，置几案间，足称大雅。”[29]

在一些达官贵戚的居家宅第里，更出现了以紫檀木为材料的豪华装修。如王士祯所著《池北偶谈》记载，南明小朝廷时，掌锦衣卫事的官员冯可宗，挥金如土，穷奢极欲，其家中的装修极其铺张，仅宅第里的窗子及楹柱，竟以名贵的紫檀木制成，奢华之极，“……可宗，南渡掌锦衣卫事，为马、阮牙爪，尤豪侈自恣，居第皆以紫檀为窗楹。”[30]

紫檀家具器用在明代宫廷中也是备受推崇，明代宫廷中的御用监，执掌宫廷御用家具的制作，其中宫廷所用的紫檀器用，即为御用监所作：“御用监，掌印太监一员，里外监把总二员，典簿、掌司、写字、监工无定员。凡御前所用围屏、床榻诸木器，及紫檀、象牙、乌木、螺甸诸玩器，皆造办之。”[31]另外在杨士聪所著的《玉堂荟记》里记载，明思宗崇祯帝的袁贵妃曾花高价令人制作一件紫檀纱橱。“袁妃近作一紫檀纱厨，费七百金，其管事内珰奏曰：奴婢为娘娘节省三百金，如万岁临问，宜云千金，不可言少，恐照样再作，便作不来。后上见之，果问，妃对言千金，上细视良久曰：果值千金，前中宫以千金作一厨，尚不及此。盖宫中费用，大略如此。”[32]一件贵妃所用的紫檀纱厨，竟耗费白银七百两，可知，在当时的明代宫廷里，紫檀家具的制作成本是相当高的。

紫檀器用的大量流行，是明代后期社会经济发展，民间争奇斗富、浮华之风盛行的一个重要表现。这种以紫檀家具器用为尚的浮奢风气引起了“崇尚节俭”的明思宗崇祯帝的警觉和不满，崇祯帝在位时，正是兵患频仍、大明江山风雨飘摇之际，崇祯帝特下谕旨杜绝铺张浪费、禁止民间使用紫檀器用。《崇祯长编》卷一记载，明崇祯帝于崇祯十六年癸未十月，谕礼部：“迩来兵革频仍，灾祲叠见，内外大小臣工士庶等，全无省惕，奢侈相高，僭越王章，暴殄天物，朕甚恶之！……内外文武诸臣，俱宜省约，专力办贼。如有仍前奢靡宴乐，淫比行私，又拜谒馈遗，官箴罔顾者，许缉事衙门参来逮治。其官绅擅用黄蓝绸盖，士子擅用红紫衣履，并青绢盖者，庶民男女僭用锦绣纻绮，及金玉珠翠衣饰者，俱以违制论。衣袖不许过一尺五寸，器具不许用螺紫檀花梨等物，及铸造金银杯盘。在外抚按提学官大张榜示，严加禁约，违者参处。娼优胥隶，加等究治。”[33]

从上述记载可知，明代随着社会经济的发展，以紫檀打造的家具器用，成为当时社会上富有阶层追求的目标，紫檀家具器用涉及品种广泛，举凡几案、桌榻、架格、凉床、纱厨、茶具、折扇、念珠、文具以至宅第装修，无所不包。皇亲国戚、达官显贵、江南一带的富户人家纷纷以紫檀家具器用装点门面，争奢斗富，以至于明代末叶，崇祯帝深感国势衰微，兵祸频仍，对于民间争奇夸富之风严加训诫，尚俭抑奢，甚至下谕旨禁止民间使用紫檀花梨等物，而这从另一层面也反映出当时紫檀家具器用已经在社会的富有阶层里广为流行的不争事实。

五、清代紫檀使用考

1. 富贵之家崇尚紫檀

清代是中国封建社会经济发展的顶峰阶段。从清初至清中叶，由于社会经济的繁荣发展，版图辽阔，海禁初开，四海来朝，八方入贡。明代难得的新疆玉、缅甸翠、海中的珊瑚、车渠、远道的犀角象牙，汇集宫中，还有西洋的玻璃，镜子都需一种色泽沉静的木料来衬托，而紫檀木因为其独特的属性尤为帝王之家所看重。此时，西方正值文艺复兴后的法国路易十四、路易十五时期，巴洛克和洛可可风格的艺术大行其道，影响遍及欧美。而中国也正值清代康，雍及乾隆前期，尤其是康、雍二朝，正是清式家具形成期，巴洛克的那种精雕细琢及镶金嵌玉的工艺风格，也影响到正在发展中的清代宫廷家具，这种工艺风格最终选定的材料也必是以纹理沉穆、质地坚好的紫檀木。再有，清代统治者的审美情趣也决定了紫檀木最终要在清宫家具制作中走运。清代是中国皇权制度登峰造极的时期，清代宫廷礼法森严，规制繁多，清代帝王不论才智如何，大都做事严谨，安于守成，对于琐事小节亦颇重视。这与明代的一些帝王不务正业、喜好玩乐形成很大

紫檀雕西洋花椅

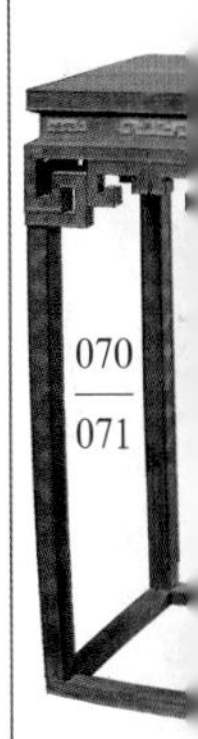

的反差。而紫檀木那种不喧不躁、稳重沉穆的特性恰恰迎合了清代帝王的心理需求。故清代皇室对于紫檀木格外看重，可以说精工细作的紫檀家具代表了清代家具艺术的最高成就。一些豪门权贵，也纷纷以紫檀家具装点门面，在社会富有的阶层中，形成了崇尚紫檀家具的风气。

在清人笔记《分甘余话》卷二里曾记载了这样一件事："京师鬻一紫檀坐椅，制度精绝，亦以珠玉等诸宝为饰，一方伯之子欲以百二十金购之，德州李庶常文众力止之，乃已。此真所谓奇技淫巧者也"。[34] 从文中记载看到，文中提到的这件紫檀坐椅采用的是百宝嵌技法，制作精绝，当时就售价一百二十两银子。另外《履园丛话》卷二十四记载江南苏州民间家中有用紫檀木制作的小文玩"紫檀小棺材"，"苏州府城隍庙住持有袁守中者，所居月渚山房，因以自号。余尝借寓其斋，见案头有紫檀木小棺材一具，长三寸许，有一盖可阖可开。笑曰：'君制此物何用耶？'袁曰：'人生必有死，死则便入此中，吾怪世之人但知富贵功名利欲嗜好，忙碌一生而不知有死者，比比是也。故吾每有不如意事，辄取视之，可使一心顿释，万事皆空，即以当严师之训诫，座右之箴铭可耳。'余闻之悚然，守中其有道之士欤。"

在《广东新语》卷二十五工"木语"记载，当时广东制作的紫檀小器物件，很受欢迎，多发往全国各地："紫檀一名紫榆。来自番舶。以轻重为价。粤人以作小器具。售于天下。"[35]

《聊斋志异》卷十一"石清虚"里记载了一个叫邢云飞的人，收藏了一块玲珑剔透的河石，为这件河石还专门做了一个紫檀底座，以示珍贵："邢云飞，顺天人。好石，见佳不惜重直。偶渔于河，有物挂网，沉而取之，则石径尺，四面玲珑，峰峦叠秀。喜极如获异珍。既归，雕紫檀为座，供诸案头。每值天欲雨，则孔孔生云，遥望如塞新絮。”

紫檀器用家具的大量流行，也可以从清代的白话小说中得到反映，清代的白话小说多是反映当时社会人文的虚构故事，但是里面的场景描写则多取材于现实生活。清中期的社会人情小说《蜃楼志》里就有不少关于家具的描写。第二回“李国栋排难解纷，苏万魁急流勇退”里有广东洋行总商苏万魁在家里招待另一位温姓富商，“摆上一张紫檀圆桌，宾主师弟依次坐下”“苏万魁过意不去，特地造了一张玻璃暖床，一顶大轿，着儿子送去，再三恳求，申公勉强受了。”第三回“温馨姐红颜叹命，苏笑官黑夜寻芳”里描写富商温仲翁的家居陈设，对于家具的描写可谓备极其详。“原来这老温人品虽然村俗，园亭却还雅驯。这折桂轩三间，正中放着一张紫檀雕几，一张六角小桌，六把六角马杌，两边靠椅各安着一张花梨木的榻床，洋炕单，洋藤炕席，龙须草的炕垫，炕枕，槟榔木炕几。一边放着一口翠玉小磬，一边放着一口自鸣钟。”

享有盛誉的我国古典文学名著《红楼梦》是清代乾隆年间文坛巨匠曹雪芹的不朽之作，诞生二百余年来，为人们广泛传颂，经久不衰，世界闻名。在《红楼梦》一书中也有不少关于紫檀的描写，如《红楼梦》第三回“贾雨村夤缘复旧职，林黛玉抛父进京都”中曾写道：“大紫檀雕螭案上，设着三尺来高青绿古铜鼎，悬着待漏随朝墨龙大画……地下两溜十六张楠木交椅，又有一副对联，乃乌木联牌。两边设一对梅花式洋漆小几。”

又该书第九十二回“评女传巧姐慕贤良，玩母珠贾政参聚散”中写到冯紫英带着几样礼品到贾府兜售，其中就有一件“汉宫春晓”紫檀围屏，要价颇高：“冯紫英道：‘小侄与老伯久不见面，一来会会，二来因广西的同知进来引见，带了四种洋货，可以做得贡的。一件是围屏，有二十四扇隔子，都是紫檀雕刻的，中间虽不是玉，却是绝好的硝子石，石上镂出山水人物楼台花鸟等物。一扇上有五六十个人，都是宫妆的女子，名为'汉宫春晓'……'这四样东西价也不很贵，《汉宫春晓》与自鸣钟五千'"。

从《蜃楼志》及《红楼梦》一书里的记载可以看出，在当时的富户之家的室内摆上几件精雕细作的紫檀家具和其他硬木家具，成为争相炫耀财富的一种方式。由于紫檀木极为名贵，也就决定了用紫檀木打造的家具价格攀高下不。从史料记载来看，紫檀木在清代，其制作成本就已相当高昂了。据史载，有一对传世紫檀大柜，一扇门内刻有"大清乾隆岁在乙巳秋月制于广东顺德县署，计工料共费银三百余两。鹤庵冯氏识"，算是独例。而《红楼梦》第九十二回"评女传巧姐慕贤良，玩母珠贾政参聚散"中写到冯紫英向贾府兜售二十四扇隔子紫檀木雕《汉宫春晓》围屏及自鸣钟两件礼品，竟然索银五千两之高，也就不足为奇了。

在江南扬州的重宁寺里，有用紫檀木作基座的铜制佛塔，据清代扬州文人李斗所著的《扬州画舫录》卷四"新城北录中"记载，扬州城内的重宁寺三世佛殿里，设有佛塔两座，佛塔下面的塔座，采用紫檀木制作而成："三世佛殿上，仿永明寺塔式，铸铜塔二座，设于两楹。用紫檀木做托泥、圭角、方色、巴达马、束腰、穿带、托枨、月牙座。"[36] 佛塔塔座的托泥、圭角、束腰采用极为珍贵的紫檀木制作，可谓极尽奢华。

在明末清初之际，江南发达的吴中地区，在设宴摆席之上，也出现了用紫檀木制成的小型家具。成书于清代初年、叶梦珠撰写的文人笔记《阅世编》卷九"宴会"里记载："近来吴中开卓，以水果高装徒设而不用，若在戏酌，反掩观剧，今竟撤去，并不陈设卓上，惟列雕漆小屏如旧，中间水果之处用小几高四五寸，长尺许，广如其高，或竹梨、紫檀之属，或漆竹、木为之，上陈小铜香炉，旁列香盒筋瓶，值筵者时添香火，四座皆然，薰香四达，水陆果品俱陈于添案，既省高果，复便观览，未始不雅也。”从上述引文可以看出，清初江南地区的宴席风行，在宴会上，出现了一种专门陈设有小型铜香炉和香盒的紫檀几座，把香炉和香盒放在紫檀几座上，再上香炉里点燃香火，香气熏达，为宴会增加兴致。

2. 清代户关对紫檀木器税收述论

清代以来，由于社会经济的发展、海外贸易的繁荣以及统治阶层穷奢极欲的追求，当时豪门富户为了炫耀财物，纷纷以紫檀木制造家具作为炫耀财物的重要手段，由此造成紫檀木原料及紫檀器物通过清代设于各地的户关大量流入各地市场及富户之家。清代于各地设立的户关对紫檀木的征税情况是当时这一时期紫檀家具业兴旺的晴雨表。现在笔者把清代各地户关对紫檀木的征收情况简述一下。

而在对清代各户关对紫檀木征税的情况概述之前，有必要对清代的关税制度进行简要的回顾。

清代的关税征收，分内国关税和海关关税。内国关税对通过内地水陆要口设关处所的各类货物课以从量计征的货税，并对水路货运船只按大小课征船料。[37] 内国关税，主要是属于户部的“户关”，此外还有属于工部的“工关”。清初设关不过十几处，[38] 后来户关陆续增至二十六处，工关也分设五处。户关名称：“崇文门、左翼、右翼、通州坐粮厅、天津关、山海关、张家口、杀虎口、归化城、临清关、东海关、江海关、浒墅关、淮安关、扬州关、西新关、凤阳关、芜湖关、九江关、赣关、闽海关、浙海关、北新关、粤海关、太平关。工关名称：

龙江关、芜湖关、宿迁关、临清砖版关、南新关。户关征收银钱，工关征收竹木买物。”[39]内国关税，后来称为“常关税”，常关税是清代税收类别的一个大项，常关税清初单称为关税，与历代所谓关市之征，明代之商税相同。清初继承明代之钞关，自乾隆年间起，其数渐增，不仅水路海路之要津，且陆路要地亦步亦设置之，称为“关”，征收货物通过税、船税，此等税总称为“关税”。它与清代于外商征收的“海关税”一样，成为清代一个重要的财重来源。清代各省户关的设置，见以下引表：

表 3　清代各省户关设置一览表[40]

省（地区）名	设置户关名称
京师	崇文门、左翼、右翼
盛京	奉天之牛马税局、凤凰城、中江、湖纳湖河
山西	杀虎口、归化
江苏	江海关、浒墅、淮安、扬州、西新
江西	九江、赣关
浙江	浙海、北新
四川	夔关、打箭炉
广西	梧厂、浔厂
直隶	通州之坐粮厅、天津（原河西务）、山海关、张家口、龙泉、紫荆、独石、潘桃口、多伦诺尔
吉林	宁古塔、辉发穆钦、伯都讷
山东	临清
安徽	凤阳、芜湖
福建	闽海关、闽安关
湖北	武昌兼辖游湖关
广东	粤海关、太平关

清代户关所征的税称为户关税，户关税是由户部掌握的税收，包括正项税课与杂项税课。正项税课是由三种税构成的，一是正税，二是商税，三是船料税。正税是在货物的出产地征税，如竹木税，首先在采伐地征收正税，然后再征其他税项；商税又称"过税"，是通过关卡时对货物征收的从价税，这种税是关税中的主要税项，其中包括衣物税、食物税、用物税和杂货税等若干种；船料税是对船舶按船梁大小所征之税。以上三种税不一定同时征收，有的征其一种，有的征其二种，有时同时并征。各朝代、各时期，皆根据当时的具体情况、分别不同品种具体确定征收的种类。清代户部于乾隆四十六年将于敏中等人编纂的《钦定户部则例》正式刊刻印行，成为当时各地户关进行征税的依据。

清代各户关对所征收的各类货物种类繁多，大致食品、衣料、器用等无所不包，其中竹木类货物是各户关征收的一个大项，在各类竹木类货物中，紫檀木及紫檀器物由于材质名贵，质地坚硬细密，故所被视为木器中的珍品，其在过关的各类货物征收中必不可少。现在笔者依乾隆四十六年刊刻的《钦定户部则例》里规定的各地户关对紫檀等木材及紫檀器物的收税情况简要介绍如下：

崇文门关："红木器每百斤税四钱八分，紫檀黄杨器每十斤、假木扇每百把各税一钱二分……拜匣每百个紫檀黄杨文具每件各税九分，紫檀黄杨木梳匣每件、杂木器、竹器每百斤、椰碗每百个、弓每百张各税六分。……真紫檀扇每把、假紫檀扇每五把、棋盘每个、乌木箸每三百双各税六厘。"[41]

临清关："细木器：乌木紫檀器每十斤，各税三分，花梨木器、红木器、乌黄木器、影木器、楠木器每十斤，紫檀、檀香乌木等上扇每十把各税二分。乌木紫檀烟袋每百枝各税一分六厘。”[42]

“细木料，未成器乌木紫檀每百斤各税二钱，未成器花梨木红木乌杨木影木楠木每百斤各税一钱。”[43]

淮安关：“竹木器：花梨紫檀木椅、楠木椅、杂木圈椅、罗汉椅睡椅每张……各税八分。”[44]

徐州关：竹木器：“乌木紫檀箸每百把各税一钱。”[45]

扬州关：“零星竹木料：紫檀每担税五钱，楠木乌木每担、芦木每捆……各税一钱。”[46]

江海关：“竹木器：紫檀器每百斤税一两，紫榆器每百斤税六钱，花梨铁梨器每百斤各税二钱四分”[47]

竹木料：下沙枋每副、紫檀木每百斤各税五钱……花梨木、铁梨木每百斤各税一钱二分。”[48]

西新关：“紫檀白藤每百斤各税六分八厘四毫。”[49]

亳州关：“竹木料：紫檀木花梨木每百斤各税一钱八分，乌木每百斤税二钱。”[50]

“竹木料，乌木每百斤税二钱，紫檀木花梨木每百斤税一钱八分”[51]

江西赣关：“木器：乌木器每百斤税二钱三分四厘六毫，紫檀紫榆器每百斤税二钱，花梨铁梨器每百斤各税一钱四分八毫。”[52]

闽海关：“竹木器：紫檀器每百斤税九钱二分五厘，花梨木每百斤税二钱四分。”[53]

北新关：“竹木器：花梨紫檀乌木棕竹箸，紫檀乌木棕竹扇每百把……各税一钱二分……紫檀笔管、乌木紫檀烟杆每百枝各税四分……紫檀文具每个，花梨紫檀壶顶每百个……

各税一分二厘。花梨紫檀大花瓶架，每个各税四厘……花梨紫檀小花瓶架每个各税二钱。”[54]

浙海关：“木料：进口紫檀木每百斤作八十斤各税四钱，进口紫榆木每百斤作八十斤各税二钱四分，进口花梨木乌木各每百斤作八十斤，各税一钱二分。”[55]

粤海关：“木器：紫檀器、檀香器、影木器每百斤各税九钱，凤眼木器、花梨木器、铁力木器、乌木器每百斤各税一钱，各色竹木器：紫檀大围屏每架税五两，紫檀小围屏每架税二两五钱，花梨木大围屏、楠木大围屏每架各税五钱，牙器每百斤、象牙席每张各税二两三钱，雕花牙屋每座税一两六钱，牙扇每百把税一钱。[56]

竹木藤草杂货：紫檀每百斤税九钱，紫榆每百斤税三钱，紫檀紫榆对报每百斤税六钱，番花梨、番黄杨、凤眼木、鸳鸯木、红木影木每百斤各税六分，楠木花梨木铁梨木……每百斤各税五分。”由此可知当时广东的紫檀税率高出其他硬木一倍以至多倍。[57]

太平关：“木器：紫檀器每百斤税一两一钱一分六厘，花梨器花梨桌椅每百斤各税一钱一分七厘，粗木器、木灯架每百斤……各税二分七厘。”[58]

从以上各户关对过往的货物进行征税的记载里可知，在过往各地户关的货物中，紫檀木或紫檀器物是不可避税的必征之物，在当时所征的货物中，紫檀木材及紫檀器物归为细木料或竹木器类，从《钦定户部则例》来看，清代经过各关口的木材及木材制品中，对于紫檀木及紫檀器物的收税极高，除了个别的户关如亳州关规定“紫檀木花梨木每百斤各税一钱八分，乌木每百斤税二钱”与赣州关规定“乌木器每百斤税二钱三分四厘六毫，紫檀紫榆器每百斤税二钱”，两地的乌木税率要略高于紫檀的税率外，其他各户关中，紫檀木料及紫檀器的税率在各类木器中属于最高的，如上文所引：

浙海关税：“进口紫檀木每百斤作八十斤各税四钱，进口紫榆木每百斤作八十斤各税二钱四分，进口花梨木乌木各每百斤作八十斤，各税一钱二分。”

粤海关税：“紫檀每百斤税九钱，紫榆每百斤税三钱，紫檀紫榆对报每百斤税六钱，番花梨、番黄杨、凤眼木、鸳鸯木、红木影木每百斤各税六分，楠木花梨木铁梨木……每百斤各税五分。”

扬州关：“紫檀每担税五钱，楠木乌木每担、芦木每捆……各税一钱。”

由此可知当时在大部分户关所征收的税率中，紫檀木和紫檀器物的税率最高，有的地方户关的紫檀税率甚至高出其他硬木一倍以至多倍，如上文的粤海关所征木材税中，紫檀木每百斤税九钱，紫榆木每百斤税三钱，番花梨、番黄杨、凤眼木每百斤各税六分，紫檀木的税率是紫榆木的三倍，是番花梨、番黄杨、凤眼木的十倍以上，从居高不下的税率上，可以反映出当时的紫檀木确属产量极少，成为当时为人看重的贵重木材。

而从各地户关对紫檀木定税的情况看，税率并不是全国统一的，各地户关对紫檀木所征收的税率均存着地区差异，下面笔者将前文引述的各户关紫檀税率列表如下，以期作一个较为直观的了解。

表 4 清代各户关紫檀征税表

户关名称	紫檀木材税率	紫檀器物税率
粤海关	紫檀每百斤税九钱	紫檀器每百斤税九钱
	紫檀紫榆对报每百斤税六钱	紫檀大围屏每架税五两
		紫檀小围屏每架税二两五钱
浙海关	紫檀每百斤税银五钱	紫檀器每百斤税银九钱
扬州关	紫檀每担税五钱	
江海关	紫檀木每百斤税五钱	紫檀器每百斤税一两
西新关	紫檀每百斤税六分八厘四毫	
亳州	紫檀木每百斤税一钱八分	
崇文门关		紫檀器每十斤税银一钱二分
		紫檀文具每件税九分
		紫檀梳匣每件税六分
		真紫檀扇每把、假紫檀扇每五把税六厘
临清关	紫檀每百斤税二钱	紫檀器每十斤税三分
		紫檀烟袋每百枝税一分六厘
		紫檀上扇每十把税二分
淮安关		紫檀木椅每张各税八分
徐州关		紫檀箸每百把税一钱
江西赣关		紫檀器每百斤税二钱
闽海关		紫檀器每百斤税九钱二分五厘
北新关		紫檀箸，紫檀扇每百把……各税一钱二分
		紫檀笔管、紫檀烟杆每百枝各税四分
		紫檀文具每个、紫檀壶顶每百个各税一分二分
		紫檀大花瓶架每个税四厘
		紫檀小花瓶架每个各税二钱
太平关		紫檀器每百斤税一两一钱一分六厘

从以上列表可以看出，当时对紫檀木材收税最高的是广东的粤海关，每百斤紫檀木征税九钱，而收税最低的是西新关，每百斤征税六分八厘四毫。

对于紫檀器物的征税中，京师的崇文门户关每十斤征税银一钱二分，若按以百斤为单位的计量单位计算，每百斤就是一两二钱，这在各户关紫檀器物中算是收税最高的了，其后的是广东的太平关，每百斤一两一钱六分、江苏的江海关，每百斤一两，福建的闽海关，每百斤九钱二分五厘，广东的粤海关和浙江的浙海关每百斤九钱。据此可知，当时对紫檀木材及紫檀器物的收税中，税额较高的户关大多集中在东部沿海省份的广东、江苏、浙江及京师崇文门等地。

综上所述，各户关的紫檀税率，虽然存在着地方差异，但从总体上说，紫檀木的税率在单位比上要明显高于其他的硬木税率，这一点是不容置疑的。究其原因，还是由于清代以降，由于经济发达，统治者对名贵木材的需求旺盛，致使持质地坚硬细致的紫檀木由各户关流入各地，成为打造家具器用和营建宫室的重要原料，而以紫檀木打造的器物更是成为统治者和社会富商大豪争奢斗富的重要资本。

3. 紫檀木与清代宫殿及苑囿装修

在清代宫殿苑囿中，内檐装修及与装修相配套的家具中，也大量使用了紫檀木。以木构架结构体系来建造的中国古代宫廷建筑，结构本身的梁、柱自然而然地会成为室内空间不可避免地存在物。古代的能工巧匠们因势利导地借助于装修，把室内空间加以再创造，使得较为单调、严肃的空间变得灵活多样，并能通过装修把体量庞大的殿堂变得具有可适应不同功能需求的合适的空间尺度。同时这些装修的构件又是依附于结构的柱、梁而存在，是架设在建筑的开间或进深方向的柱子之间。装修既可使两柱之间完全变成封闭的墙体，也可使两柱之间有部分封闭、部分敞开，郭黛姮先生在《内檐装修及宫廷建筑室内空间》一文中将宫廷室内装修存在的形态分为以下几类：

（一）全封闭式装修。有木板壁、槛窗、碧纱橱等类型。其中碧纱橱可有开关门窗，作为出入口，还可整槽拆卸。

（二）半封闭式装修。主要是指在柱间采用多宝格、圆光罩、八方罩等类型的装修，使之将两个空间既分隔开，又有一定的连通。

（三）渗透式装修。指得是在柱间设有壁板，板上开有窗子，如大方窗、圆光窗、瓶形窗之类。被分隔的两个空间可以互相观望，但不能通过，只能彼此暗示空间的存在。

（四）虚拟式装修。指的是落地罩、几腿罩、飞罩、天然罩一类的装修。它会对于空间有所划分，但又绝大部分开敞，所界划的两个空间互相流通，分割若有若无。

（五）半围合式装修。指八字形围屏之类。[59]

而在清宫内廷宫殿苑囿的装修中，紫檀木装修占有着重要的位置。清代定鼎北京之后，并未像之前的王朝一样，把旧王朝的宫殿焚毁，另选新址重建，而是在明王朝原有的紫禁城宫殿基础上，有所损益。《国朝宫史》载论：（清朝的）“宫殿制度，自外朝以至内廷，多仍胜国之旧，而斟酌损益，皆合于经籍所传。”[60] 清代以降，随着社会经济的发展，国家昌盛，对外交流的频繁，工艺技术的提高，也明显地影响到了清代帝王的起居生活，这其中便是帝王居所的内檐装修。

乐寿堂是一个突出的例子，乐寿堂为紫禁城东北隅宁寿宫后区中路建筑之一，其南是养性殿，其北有颐和轩。清乾隆四十一年（公元 1776 年）仿长春园淳化轩规制建成，乾隆皇帝预备作为他归政后的读书憩息之所，乐寿即安乐长寿之意。嘉庆七年（公元1802年）修葺，光绪十七年（公元1891年）重修。乐寿堂仿长春园淳化轩规制，其南北庭院东西廊壁嵌敬胜斋帖石刻。乾隆皇帝以此为退位后的寝宫，御题“座右图书娱画景”联句，故此堂亦称宁寿宫读书堂。

乐寿堂外景

乐寿堂的内檐装修极为奢华，首先是色调的统一，装修及天花是以紫檀木、楠木雕本色为主，浑然一体，渲染了室内高敞开阔的气氛。再是花纹的统一，楼上、楼下的隔扇全部为五抹紫檀隔扇，隔心紫檀回纹灯笼框、嵌景泰蓝卡子花，绦环板及裙板均嵌景泰蓝铜夔金龙。双层隔心中间夹蓝色羽纱，灯笼框心嵌臣工书画。仙楼挂檐板、栏杆全部为紫檀木雕刻回纹，并嵌珐琅花板，呈现辉煌似锦、琳琅满目的景象，由于纹饰、色彩搭配谐调得当，更增添了华丽、高贵的气氛。

乐寿堂仙楼上下的紫檀嵌珐琅装修

在紫禁城内御花园、慈宁宫花园、建福宫花园和宁寿宫花园内的宫殿中，内檐装修极工尽巧，颇为奢华，而清代统治者是游猎民族出身，喜动厌静，自己的活动范围并不仅仅局限于紫禁内的方寸之地，所以又在紫禁城外大肆增修或扩建“三山五园”——香山静宜园、玉泉山静明园、万寿山清漪园（后改为颐和园）和畅春园、圆明园等皇家园林。这些皇家苑囿，景致之美，耗资之巨，策划之机巧、规模之宏博，都令人叹为观止。清代皇室在一年之中往往周转于紫禁城内和御苑行宫，清代官方曾以法定形式对宫殿苑囿的内檐装修使用的木材进行了明确规定，这其中就包括大量的紫檀木装修。《清代匠作则例》中《圆明园内硬木装修则例》里就有相当多的紫檀木用于圆明园内宫苑装修的规定。

圆明园亦称“圆明三园”，是圆明园及其附园长春园、万春园的统称，是清代行宫式御园。圆明园位于北京市西北郊海淀区，始建于康熙四十六年（公元1707年）。经康熙、雍正、乾隆、嘉庆、道光、咸丰6朝皇帝，历150余年的建设与经营，其鼎盛时期，包括圆明园、长春园、绮春园三园，通称圆明园。圆明园占地约350公顷，其中，40%为水面，44%为山丘，外围周长10余千米。汇华夏历代造园艺术之精华，集中华优秀造园艺术之大成。有140多个园中园和风景建筑群，总建筑面积达16余万平方米。

圆明园是世界园林建筑史上的巅峰之作，被欧洲人称为“万园之园”“一切造园艺术之典范”“东方凡尔赛宫”。法国大文豪雨果赞叹：“这是一个令人叹为观止的无与伦比杰作”“即使把法国所有圣母院的全部宝物加在一起，也不能同这个规模宏大而富丽堂皇的东方博物馆媲美”。

圆明园是几朝清帝的“御园”，雍正、乾隆、嘉庆、道光、咸丰五位皇帝曾在此长年居住游乐、举行朝会、处理政务，使得圆明园与当时的紫禁城同为清廷的政治中心。到了清末，在国事财力都已不能支撑的情形下，清帝宁愿缩减其他方面的开支，放弃避暑及狩猎活动，也仍没有停止对圆明园的改建与装饰，可见圆明园在各位帝王心中所占分量之重，喜爱程度之深。

清代帝王大肆营造圆明园，对圆明园内的装修极尽奢华之能事，紫檀木装修成为圆明园内装修的一个亮点。从《圆明园内硬木装修则例》里可以看到紫檀木在圆明园内檐装修的重要地位：

“楠柏木群板绦环：如二面镶嵌群板绦环，凑长四尺五寸，宽九寸镶嵌二面凑长四尺五寸宽九寸用长五尺宽一尺厚八分楠柏木一块，长五尺宽一尺厚四分楠柏木一块，每面用木匠七分五厘，雕匠二工，水磨烫蜡匠一工，镶嵌匠一工，如一面、二面镶嵌花梨紫檀木雕花用木植同上，每面用（绦环四面折一面，如雕夔龙每二面折一面）木匠一工，雕匠四工，水磨烫蜡匠二工，镶嵌匠一工。花梨木、紫檀木镶嵌雕花，如有大圆凹面夔龙式口线，每面用外加水磨烫蜡匠二分五厘，雕匠半工，镶嵌匠二分五厘……

紫檀花梨木凹面玲珑夔龙罩，每扇用鱼胶一两，木植照尺寸合算木匠一工，每面见方尺每一尺用雕匠四工，水磨烫蜡匠二工。杉椴木竹叶寿字花心每扇用鱼胶一两。木植三工，雕匠二工……

紫檀木花梨木凹面岔角万字夔龙式、花八角心茶花蝴蝶式、如意云方胜心四合如意云叠落雕西番莲吉祥草，如实替做，每扇用长按尺寸合算用宽一尺厚一寸紫檀花一块（如圆径俱按方算）……

夹纱做每扇用长按尺寸合算，用宽一尺厚七分紫檀木一块，每块用（如混面雕工折半）木匠半工，雕匠一工半，水磨烫蜡匠半工。紫檀木凹面夔龙式、花香草夔龙式、棱花岔角香草夔龙图、四合云圆玉玦、连环套夔蝠式、花牡丹海棠水鲜等式，花头随花心，如实替做，每扇用长按尺寸合算，用宽一尺、厚一寸紫檀木一块，夹纱做每扇用长按尺寸合算，用宽一尺、厚七分紫檀木一块，每个用（如混面雕工折半）木匠半工，雕匠一工，水磨烫蜡匠半工。

……紫檀、花梨木罩口牙子二面凹夔龙，长五尺五寸至四尺一寸，每块用：木匠二工，雕匠九工，水磨烫蜡匠三工。长四尺至三尺一寸，每块用：木匠一工半，雕匠七工半，水磨烫蜡匠二工半。长三尺至二尺三寸每块用：木匠一工，雕匠六工，水磨烫蜡匠二工。长二尺二寸至一尺四寸，每块用：木匠七分五厘，雕匠四工半，水磨烫蜡匠七分五厘。长一尺三寸至五寸，每块用：木匠半工，雕匠三工，水磨烫蜡匠半工。

通景围屏上：紫檀绦环牙子上阴阳叠落雕玲珑宝样花，每块用：木匠半工，雕匠十工，水磨烫蜡匠二工……

紫檀花梨木玻璃转盘方窗大框：每扇用：木匠一工，水磨烫蜡匠半工……

……紫檀花梨木矮宝座上下舍达巴达马束腰杉木梓口地平牌梢成造（面阔三尺六寸五分，进深二尺八寸六分，高七寸）每座用：木匠七工，水磨烫蜡匠一工，雕仰覆莲每长一尺，计用：雕匠一工，水磨烫蜡匠一工。

……紫檀花梨木西洋宝鼎头栏杆柱子，每根用木匠半工，水磨烫蜡匠二分五厘。紫檀花梨木素线栏杆柱子，每四根用木匠一工半，水磨烫蜡匠半地。紫檀花梨黄杨木栏杆心采台挖鱼门洞雕各样结子一面雕做，每块用木匠二分五厘。雕匠一半半，水磨烫蜡匠二分五厘，如二面雕做每块外加雕匠一工，紫檀花梨黄杨绦环雕各样夔龙花色一面雕做，每块用木匠二分五厘，雕匠一工半，水磨烫蜡匠半工。如二面雕做每块加外雕匠一工，紫檀花梨黄杨木素线券口每个用木匠一工，水磨烫蜡匠半工。

自鸣钟紫檀木桌一张，面阔四尺五寸六分，深一尺九寸八分，高二尺五寸九分，每张用：木匠十二工，雕匠十六工，水磨烫蜡匠十二工。”

从《圆明园内硬木装修则例》里可以看出，圆明园的宫殿内檐装修中采用了大量的紫檀木，宫殿内部中的门扇、窗框、绦环板、栏杆柱头、牙板、自鸣钟的桌式底座等都采用了名贵的紫檀木料制作，极工尽巧，富丽堂皇。

《履园丛话》卷十二也记载了嘉庆年间圆明园竹园的装修，用到了大量的紫檀木：“嘉庆十九年，圆明园新构竹园一所，上夏日纳凉处。其年八月，有旨命两淮盐政承办紫檀装修大小二百余件，其花样曰榴开百子，曰万代长春，曰芝仙祝寿。二十二年十二月，圆明园接秀山房落成，又有旨命两淮盐政承办紫檀窗棂二百余扇，鸠工一千余人，其窗皆高九尺二寸，又多宝架三座，高一丈二尺，地罩三座，高一丈二尺，俱用周制，其花样又有曰万寿长春，曰九秋同庆，曰福增贵子，曰寿献兰孙诸名色皆上所亲颁。”[61]从上述记载可知，当时的两淮盐政承办了圆明园内大小装修二百余件，极尽奢华。

在《清代匠作则例·圆明园内物料斤两现行则例》里专门提供了大量圆明园内装修的木材信息，在有关圆明园内宫殿装修的材料中，紫檀木的每立方尺的比重最大，“木植：松木，每尺重三十斤，桅木杉木，每尺重二十斤，紫檀木，每尺重七十斤，花梨木，每尺重五十斤，楠木，每尺重二十八斤。黄杨木，每尺重五十六斤，檀木，每尺重四十五斤，铁梨木，每尺重七十斤，柳木，每尺重二十五斤。”圆明园宫殿内檐装修中用到了大量的紫檀木，这些紫檀木的价格在所有的木制材料的装修中，也是相当高的。据《清代匠作则例·圆明园内工杂项价值则例》（壹）记载：“杂木杂料：紫檀木，每觔银二钱二分，花梨木，每觔银一钱八分，黄杨木，每觔银二钱，楠木，每觔银五分。”紫檀木的价格在每斤二钱二分，比花梨木、黄杨木和楠木都要同，在各类装修的木材中居于首位。

而王世襄先生《明式家具研究》里也认为：在各种硬木中，紫檀质地最为致密，材料上有些部位，几乎连肉眼也看不出木纹来，同时分量也最重。王世襄根据《圆明园物料则例》，把圆明园内装修所用的木材按见方的重量、每斤银价以及每见方尺银价列出了详细的表格，进行了一下横向比较，其中紫檀每尺（按为立方尺）重七十斤，其密度以及单价均超过其他木材甚多，详见表5。

表5　圆明园装修用木材比重价格表

木名	每见方尺重量	每斤银价	每见方尺银价
紫檀木	70斤	2.2钱	154钱
花梨木	59斤	1.8钱	106.2钱
楠木	28斤	0.5钱	14钱
榆木	45斤	0.14钱	6.4钱
樟木	33斤	0.19钱	6.25钱
槐木	45斤	0.14钱	6.4钱
黄杨木	56斤	2.0钱	112钱
南柏木	34斤	0.35钱	12钱
北柏木	32斤	0.2钱	6.4钱
椴木	20斤	0.1钱	2.0钱
杉木	20斤	0.27钱	5.41钱
柳木	25斤	0.05钱	1.3钱
桦木	45斤	2.13钱	95.67钱

4. 清宫造办处与紫檀家具器用的制作

清代由于国力强盛，社会经济发展，使得清朝的特权贵胄阶层贪欲膨胀，对于来自殊方异域的奇货异物需求日益增多，珍贵的极品硬木紫檀亦不例外。紫檀主要产自热带，大致分布在北回归线以南至赤道地区，在我国生长不多，这就决定了清代皇室必然要从海外进口这种木材，从第一历史档案馆收存的内务府造办处资料里可以发现，清宫每年都要斥巨资从海外购买大量的紫檀木，为帝王之家营造宫室，打造家具。如乾隆二十五年六月初一日，“造办处钱粮库谨奏为本库存贮紫檀木五千二百余斤恐不敷备用，请行文粤海关令其采买紫檀木六万斤等摺。郎中白世秀，员外郎金辉交太监胡世杰转奏奉旨知道了，钦此。”可见，清宫内务府造办处为皇宫打造的家具，所用的紫檀木料数量之大是相当惊人的。

应该说，清代对海外紫檀木的采买是带有掠夺性质的，因为当时紫檀木的主要出口地区是与我国接壤的东南亚国家，即历史上的所谓“南洋”。在清代历史上，虽然曾经实行过“海禁”政策，限制与海外的贸易通商，但是“海禁”政策主要还是针对与西方国家的贸易交流，而东南亚地区向中国输入各类名贵的木材并没有受到“海禁”影响。究其原因，主要是东南亚地区本来就与清朝政府存在着传统的藩属关系，除了每年向清政府大量进贡方物（包括各类优质硬木）外，清代皇室还四处派员毫无节制地到这些地区开采，造成紫檀木及其他稀有珍贵的硬木大量流向国内，使南洋地区的优质紫檀木材很快就被采伐一空，所有的紫檀木绝大部分集中到了中国，存放在广州、北京等地。以至于十七世纪中期以后，当欧洲人逐渐登陆到南洋地区，已看不到大料紫檀木了。而这些少得可怜的紫檀木，在他们眼里也视若拱璧。因为他们从未见过紫檀大料，误认为紫檀无大材，只能用其制作小巧玲珑的小件器物。传说在拿破仑的墓前放有一只五英寸长的紫檀木棺椁模型，参观者无不惊讶和羡慕。及至西方人来到中国，见到故宫和圆明园内存放着许多紫檀大料的家具后，叹为观止。之后通过各种手段，将清宫珍藏的紫檀家具，运出境外一部分，才使世界认识到了清宫紫檀家具的深刻文化内涵，从而掀起了中国家具的研究热潮。

而谈到清宫使用的紫檀家具及紫檀木原材料，就不能不谈到清宫内务府造办处，清宫里使用的紫檀家具，除了一部分是由各地督抚作为贡品进贡外，还有很大一部分是内务府养心殿造办处承做的。据《大清会典事例》卷一千一百七十三载：“初制养心殿造办处，其管理大臣无定额，设监造四人，笔帖式一人。康熙二十九年增设笔帖式……”《大清会典事例》卷一千一百七十四载：“原定造办处预备工作以成造内廷交造什件。其各‘作’有铸炉处、如意馆、玻璃厂、做钟处、舆图房、珐琅作、盔头作；金玉作所属之累丝作、镀金作、錾花作、砚作、镶嵌作、摆锡作、牙作；油木作所属之雕作、漆作、刻字作、镟作；匣裱作所属之画作、广木作；镫载作所属之绣作、绦儿作、皮作、穿珠作；铜鋄作所属之凿活作、刀儿作、风枪作、眼镜作；炮枪作所属之弓箭作。成造什件所需物料，由户工二部内务府六库行取……”。[62] 清内务府造办处是为帝王之家生产制作生活必需品的皇家工坊，其中家具可是说是与清代帝王息息相关的生活必需品，造办处为帝王之家打造家具、营建宫室，用去了大量的紫檀木，从第一历史档案馆所藏的清宫内务府造办处档案里可以看出，清宫内务府造办处存贮了大量的紫檀木，造办处的工匠们利用这些名贵的紫檀木为清代皇室生产了大量的紫檀家具和其他生活用品。

而有清一代，以乾隆年间皇室对于紫檀木的使用格外推崇。田家青先生在“清代宫廷紫檀家具用料的时期性差异”一文中说：“康熙、雍正两朝励精图治，力倡节俭，家具中不少是软木髹漆的或是软木与紫檀搭配制成，乾隆时期百业兴旺，国力充实，家具制作用料奢靡”。[63] 乾隆时期，清高宗弘历继位时，正处于封建社会经济高度发达的时期，版图辽阔，对外贸易日渐频繁，南洋地区的优质木材源源不断地流入境内，给清代家具的制作提供了充足的原材料，基于以上这些条件，乾隆年间，宫廷中出现了大量的紫檀家具。现存第一历史档案馆的乾隆时期《养心殿造办处行取清册》《造办处收贮物料清册》等档案里详细记载了乾隆年间每年从外面收购紫檀木及宫内所用紫檀木损耗及剩余紫檀木原料的数量。

如乾隆元年“养心殿造办处行取清册”记载：“旧存紫檀木七千三百九十九斤十三两八钱，新进紫檀木六千斤，实用紫檀木五千六百四十七斤十五两二钱，尚存紫檀木七千七百五十一斤十四两六钱。”[64]

乾隆二年“养心殿造办处行取清册”记载：“旧存紫檀木七千七百五十一斤十四两六钱，新进：紫檀木四千斤，实用紫檀木九千二百五十五斤六两七钱，尚存：紫檀木二千四百九十六斤七两九钱。”[65]

从乾隆元年起到乾隆六十年的六十年间，内务府造办处曾多次从外面购买紫檀木，现笔者依据年份、资料来源对乾隆朝内务府造办处有档可查的紫檀木旧存、购进、实用的情况列表如下，以期对整个乾隆一朝内务府造办处所进紫檀木材的数量作一较为直观明晰的表述：

表 6　乾隆年间清宫紫檀木使用记录表

年份	旧存	新进	实用	下存（尚存）	资料来源
乾隆元年	7399 斤 13 两 8 钱	6000 斤	5647 斤 15 两 2 钱	7751 斤 14 两 6 钱	《造办处行取清册》
乾隆二年	7751 斤 14 两 6 钱	4000 斤	9255 斤 6 两 7 钱	2496 斤 7 两 9 钱	《造办处行取清册》
乾隆四年	736 斤 2 两 7 钱	6000 斤	4753 斤 15 两 1 钱	1982 斤 3 两 6 钱	《造办处行取清册》
乾隆五年	1982 斤 3 两 6 钱	10000 斤	11879 斤 15 两 3 钱	102 斤 4 两 3 钱	《造办处行取清册》
乾隆六年	102 斤 4 两 3 钱	6000 斤	6102 斤 4 两 3 钱	（无）全部用光	《造办处行取清册》
乾隆八年	582 斤 1 钱	9905 斤	3710 斤 15 两 4 钱	6776 斤 7 钱	《造办处行取清册》
乾隆九年	6776 斤 7 钱	8500 斤	12874 斤 2 两 5 钱 6 分	2401 斤 14 两 1 钱 4 分	《造办处行取清册》

（续表）

年份	旧存	新进	实用	下存（尚存）	资料来源
乾隆十年	2401 斤 14 两 1 钱 4 分	6020 斤	1503 斤 1 两 1 钱	3318 斤 13 两 4 分	《造办处收贮物料清册》
乾隆十一年	3318 斤 13 两 4 分	6855 斤	8974 斤 15 两 7 钱	1198 斤 13 两 3 钱 4 分	《造办处行取清册》
乾隆十二年	1198 斤 13 两 3 钱 4 分	19070 斤	2040 斤 3 两 8 钱 7 分	228 斤 9 两 4 钱 7 分	《造办处行取清册》
乾隆十三年	228 斤 9 两 4 钱 7 分	15625 斤	6397 斤 10 两 7 钱	9455 斤 14 两 7 钱 7 分	《造办处行取清册》
乾隆十四年	9455 斤 14 两 7 钱 7 分	25044 斤 3 两 3 钱	7882 斤 3 两 7 钱	26617 斤 14 两 3 钱 7 分	《造办处行取清册》
乾隆十五年	26617 斤 14 两 3 钱 7 分		14892 斤 10 两	11725 斤 4 两 3 钱 7 分	《造办处行取清册》
乾隆十六年	11725 斤 4 两 3 钱 7 分	5975 斤	5798 斤 3 两 9 钱	11902 斤 4 钱 7 分	《造办处收贮物料清册》
乾隆十七年	11902 斤 4 钱 7 分	28599 斤	10848 斤 4 两 3 钱	29652 斤 12 两 1 钱 7 分	《造办处行取清册》
乾隆十八年	29652 斤 12 两 1 钱 7 分	21415 斤	14531 斤 11 两	36536 斤 1 两 1 钱 7 分	《造办处行取清册》
乾隆十九年	36536 斤 1 两 1 钱 7 分	23745 斤	37539 斤 13 两 1 钱	22741 斤 4 两 7 钱	《造办处行取清册》
乾隆二十年	22741 斤 4 两 7 钱	61162 斤 5 两 5 钱	6183 斤 4 两 2 分	77720 斤 5 两 3 钱 7 分	《造办处行取清册》
乾隆二十四年	30862 斤 6 两 3 钱 7 分	10000 斤	14683 斤 15 两 7 钱	26178 斤 6 两 6 钱 7 分	《造办处行取物料清册》
乾隆二十五年	26178 斤 6 两 6 钱 7 分	22000 斤	11616 斤 4 两 5 钱	36562 斤 2 两 1 钱 7 分	《造办处行取物料清册》
乾隆二十六年	36562 斤 2 两 1 钱 7 分	64141 斤	38914 斤 11 两 7 钱		《造办处收贮物料清册》
乾隆二十七年				61788 斤 6 两 4 钱 7 分	《造办处库贮物料清册》
乾隆二十九年	108068 斤 4 两 4 钱 7 分		32531 斤 4 两 2 钱	75537 斤 2 钱 7 分	《养心殿造办处行取清册》
乾隆三十年	75537 斤 2 钱 7 分		4069 斤 4 两 1 钱	71467 斤 12 两 1 钱 7 分	《造办处行取清册》
乾隆三十二年	60244 斤 2 两 2 钱		17567 斤 12 两 2 钱	42676 斤 6 两	《造办处行取清册》
乾隆三十四年	31860 斤 5 两 2 钱		8556 斤 8 两	23302 斤 13 两 2 钱	《实用暂领现存材料档》

（续表）

年份	旧存	新进	实用	下存（尚存）	资料来源
乾隆三十七年	71558 斤 9 钱		5810 斤 11 两 4 钱	69306 斤 5 两 5 钱	《造办处收贮物料清册》
乾隆三十八年	69306 斤 5 两 5 钱	952 斤	20991 斤 8 钱	40357 斤 4 两 7 钱	《造办处行取清册》
乾隆四十三年	48625 斤 7 钱	9938 斤	16238 斤 2 两 8 钱	42324 斤 13 两 9 钱	《造办处行取清册》
乾隆四十四年	423224 斤 13 两 9 钱	23434 斤	26630 斤 10 两 2 钱	39128 斤 3 两 7 钱	《造办处行取清册》
乾隆四十五年	39128 斤 3 两 7 钱	955 斤 13 两 5 钱	10737 斤 8 两 1 钱	29346 斤 9 两 1 钱	《造办处行取清册》
乾隆四十六年	29346 斤 9 两 1 钱	76879 斤 11 两	20934 斤 4 两 7 钱	85291 斤 15 两 4 钱	《造办处行取清册》
乾隆四十七年	85291 斤 15 两 4 钱		17334 斤 13 两 2 钱	67957 斤 2 两 11 钱	《造办处行取清册》
乾隆四十八年		碎小紫檀木 21000 斤			《造办处收贮物料清册》
乾隆四十九年	48289 斤 2 钱	40566 斤 7 两	29813 斤 8 两	59041 斤 15 两 2 钱	《造办处行取清册》
乾隆五十一年	49223 斤 6 两	46725 斤	6654 斤 7 两 5 钱	89293 斤 14 两 5 钱	《造办处行取清册》
乾隆五十三年	234630 斤 13 两 5 钱		3171 斤 4 两 9 钱	231459 斤 8 两 6 钱	《造办处收贮物料清册》
乾隆五十四年	231459 斤 8 两 6 钱		11503 斤 10 两	219955 斤 14 两 6 钱	《养心殿造办处行取清册》
乾隆五十五年			9676 斤 2 两		《乾隆五十五年至五十九年黄册金银材料实用档》
乾隆五十六年	210555 万 6 钱		8496 斤	202058 斤 4 两 6 钱	《造办处钱粮库·黄册年总》
乾隆五十七年			9078 斤 10 两		《乾隆五十五年至五十九年黄册金银材料实用档》
乾隆五十八年	192979 斤 10 两 6 钱		3033 斤 10 两	189945 斤 15 两 6 钱	《造办处钱粮库·实用暂领现存材料档》
乾隆五十九年	189945 斤 15 两 6 钱		1317 斤 8 两	188628 斤 7 两 6 钱	《造办处收贮物料清册》
乾隆六十年	188628 斤 7 两 6 钱		1791 斤 6 两	186837 斤 1 两 6 钱	《造办处行取清册》

从以上列表可以看出，乾隆元年时，内务府造办处尚剩余雍正年间留下来的紫檀木 7399 斤 13 两 8 钱，从乾隆元年以后，内务府造办处连续多年从外面购进大量的紫檀木，这批紫檀木很快为清代皇家打造家具，营建宫室所用，至乾隆六十年，按照造办处行取清册的统计，内务府造办处还剩下紫檀木 186837 斤 1 两 6 钱。按照上表内务府造办处所进的紫檀木数量总数相加统计，从乾隆元年至六十年，乾隆朝时内务府造办处所购进的紫檀木数量是 580505 斤（以斤为单位统计，后面的两、钱、分、厘计量数未统计在内）。

有些年份材料轶缺，而有些年份，如乾隆三十六年、乾隆三十八年以后至乾隆四十三年以前之间，《养心殿造办处行取清册》并没有该年份新进紫檀木数量的详细记载，但是在《乾隆三十八年造办处文档》里却有该年内务府造办处敕文粤海关采买紫檀木的记载："四月十七日……养心殿造办事务郎中观珠为移会事经本处大臣折奏，查得乾隆三十五年十月内因库贮紫檀木不敷应用，曾经奏准交粤海关监督采买紫檀六万斤运京，以备成造活计应用，于乾隆三十六年十一月内该监督德魁运到紫檀木六万四千五斤，奴才等派内务府郎中诚意，员外郎四福会同造办处官员等详细逐渐查验，体质坚实者少，多系空心曲弯水裂之件，内可得材料四至五成至七八成者，核计实得料三万三千余斤，所剩二万七千斤只堪做零星碎小什物，不得大件材料，业经奏明核咸在案今查自三十六年十一月起至三十八年三月底，盯陆续成造活计已经实用过紫檀木三千十二斤，现做未完活计，暂领紫檀木四万二千三百二十五斤十四两，仅存紫檀木一万四千七百七斤二两，俱系空心弯裂件数并碎小回残，只堪做小式活计，奴才等伏思若遇大件活计，临时向粤海关行文采买，诚恐途路遥远，一时不能济用，查粤海册报紫檀木每斤连运价用银六分三厘零，较比造办处在京采买每斤一钱七分之例，省用银一钱六厘零，价值既省贵悬殊，请照前交粤海关监督德魁采买紫檀木六万斤运送来京，以备成造活计，应用并令采买适用件料，毋得仍买弯裂空心之木，致多不便等因，于乾隆三十八年四月十二日具奏奉旨知道了，钦此。钦遵相应移会该监督遵照办理可也。”[66]

又据乾隆四十五年粤海关采买紫檀木档[67]记载：“造办处谨奏查得乾隆三十八年四月内因库贮紫檀木不敷应用，曾经奏明交粤海关监督采买紫檀木六万斤运京以备应用等因在案，嗣经该监督于乾隆三十九年起到四十三年六次共陆续解交过紫檀木六万斤，俱经按次奏明贮库，查此七年之中，陆续成造活计已用过紫檀木二万五千二百九十七斤十三两，已在各作成做未完活计暂领过紫檀木二万七千九百九十三斤十一两八钱，今库存紫檀木只余六千七百余斤，奴才等查造办处承办传做活计每年需用紫檀木甚多，若到临时需用再行令粤海关册报紫檀木每斤连运价用银六分三厘零，较比较造办处在京购买每斤一钱七分之例，其价值之省费迥乎不同，查自二十五年起曾经派办过四次，今起仍照向例交粤海关监督图明阿采买紫檀木六万斤，运送来京，以备成做活计应用，并令该监督务采须采买适用件料运京于成做活计，方为有益，为此谨奏。于乾隆四十五年十一月二十八日具奏，奉旨知道了，钦此。”

从以上记载可知，乾隆三十六年内务府曾从粤海关购得紫檀木六万斤，但该年所进的紫檀木“体质坚实者”少，“空心水裂”者多，于是内务府造办处又移文粤海关续进紫檀木六万斤，从乾隆三十九年至乾隆四十三年之间，“六次共陆续解交过紫檀木六万斤”，这两段时间共新购进紫檀木12万斤。

需要说明的是，内务府造办处档案里有个别年份的紫檀木数据阙如而并不十分完整，笔者在目前所能查到的有确切记录的基础上，绘制了上述表格，并依据表格统计出乾隆朝时内务府造办处购进的紫檀木总数量是580505斤，再加上乾隆三十六年及乾隆三十九年至四十三年之间两次购进的紫檀木12万斤，内务府造办处总共购进紫檀木数量是700505斤，同样依据上列表格的统计，从乾隆元年开始至乾隆六十年里，内务府造办处共用去紫檀木501949斤（以斤为单位，后面的两、钱、分、厘计量单位未统计在内）上述的这些数据中，虽然个别年份的紫檀木资料尚付阙疑，有待日后进一步考证，但也大致反映了整个乾隆一朝紫檀木的购进及使用状况。可以看出，整个乾隆一朝，紫檀木的购进及使用数量是相当巨大的。

清宫内务府造办处斥巨资购进了大量的紫檀木，这批紫檀木究竟用在了什么地方？乾隆朝时期，国力强盛，内府充盈，这批紫檀木很快为清宫家具及其他生活用品的制作提供了重要的原材料，清宫内务府造办处的史料档案浩如烟海，纷繁庞杂，其中乾隆朝内务府造办处的“活计档”和“工料银两档”里给我们提供了丰富的资料，从第一历史档案馆所藏的清宫内务府造办处活计档里可以看出，清宫内务府造办处为清代皇室生产了大量的紫檀家具。现将乾隆十六年至乾隆二十年内务府造办处关于部分紫檀家具制作的档案摘录如下，从中可以对乾隆一朝内务府造办处利用紫檀木的情况窥察一斑：

乾隆十六年

如：“乾隆十六年二月初十日催总佛保持来员外郎郎正培催总德魁押帖一件，内开为十六年九月初七日太监玉炳来说太监胡世杰交紫檀木香几座一件，传旨着王裕玺将香几腿上裂处补好，乾隆御玩年款用金片做钦此。”

该年档案还记载了当时制作紫檀木等家具所费的银两。“紫檀木锦地博古大柜、番草书桌椅子、海棠式香几、掐丝珐琅小香几、玻璃小插屏、洋表油画等所用工料并水陆运费包裹共银三千七百五十二两一钱七分。”可知，当时制作紫檀等硬木家具的各类成本开销就高达三千七百五十二两之多，费工巨大。

乾隆十七年

“乾隆十七年二月十八日员外郎胡世秀来说太监胡世杰交紫檀木镶象牙黄杨木牙子高矮格子二件，黑漆描金座一件，花梨木座一件，紫檀木座一件，肖石挺紫檀木八方座一件，铁挺子四件，传旨交造办处做材料用钦此。”

同年十一月十三日“太监胡世杰交花梨木小柜一件，紫檀木小柜一件等家具。”

“乾隆十七年十二月初八日员外郎白世秀来说太监胡世杰交西洋油画人物二面玻璃紫檀木插屏六件，传旨将背面素玻璃俱拆下交造办处做材料用，用时奉明再用其插屏上漆背板交刘沧州钦此。”

“乾隆十七年二月初六日，员外郎白世秀来说太监胡世杰交紫檀黄杨木宝盖边画玻璃二层方灯六对，紫檀杨木宝盖边画玻璃方灯五对。”

“乾隆十七年六月初八日员外郎白世秀来说太监胡世杰交紫檀木高桌二十三张，花梨木高桌六张，乌木高桌一张，传旨着照依尺寸改做，钦此。”

“乾隆十七年九月初十日将改做得旧圆紫檀木琴桌二张，建福宫紫檀木炕案二张，九州清晏紫檀木炕案二张交太监赵福寿持去讫。”

“乾隆十七年六月十七日员外郎白世秀来说太监胡世杰传旨宫内所有粤海关进的紫檀木大柜内屉板板俱各拆下，改桌案用钦此。”

“正月十八日太监曾禄来说首领程斌传建福宫着做紫檀木炕案一对，记此。”

“乾隆十七年九月初三日（木作）首领程斌交摆锡玻璃一块，传着做紫檀木边玻璃挂屏一件，楠木大边紫檀木，小边糊十锦字画玻璃窗户一扇记此。”

“乾隆十七年九月二十四日，员外郎白世秀达子来说首领程斌传旨做紫檀木琴桌五对，炕案五对，先画样呈览，准时用先交出桌案改做钦此。”

“乾隆十七年十一月初三日员外郎白世秀来说太监胡世杰传旨妙莲花室着做紫檀木莲花宝座一座，香几一件桌子一张钦此。”

“十一月初三日员外郎白世秀来说太监胡世杰交花梨木边榆木心八方炕桌一张，紫檀木八方炕桌一张，传旨着收拾见新钦此。”

“乾隆十七年十一月初三日员外郎白世秀来说太监胡世杰交掐丝珐琅面紫檀木边小桌一张，掐丝珐琅面漆桌一张。(于十八年四月二十八日白世秀将做得掐丝珐琅影子木紫檀木插屏一对持进交太监胡世杰呈进讫。”

“乾隆十七年十一月十八日承恩公德保来说太监胡世杰交豆瓣楠木心紫檀木边书桌一张，花楠木心紫檀木边活腿桌一张，传旨活腿桌上腿子另做大螺狮安稳不需活动，其桌面用交出紫檀木格上豆瓣楠木背板改做换用钦此。（于十八年二月初七日赵进玉将活腿桌二张改好持去讫）十一月二十日员外郎白世秀来说太监胡世杰传旨粤海关送到紫檀木大柜上抽屉板二分并软硬套俱着造办处做材料用，再将从前拆去各宫紫檀木柜上抽屉屉板用过多少现有多少查明回奏钦此。”

乾隆十八年

“乾隆十八年六月初九日员外郎白世秀来说太监胡世杰交雕紫檀木小插屏一件（上嵌白玉玲珑长方表嵌一块白玉玲珑六角一块），传旨将插屏座上横枨去了改做坐龙镶嵌拆下一面照样另做插屏一件先画样呈览准时并先做嵌玉插屏四件亦照此样成做得时插屏背后俱贴御笔钦此。”

“三月十八日员外郎白世秀来说太监胡世杰交紫檀木嵌碧玉三块如意二柄，紫檀木嵌汉白玉三块如意一柄（各随双珊瑚珠四头穗）挂轴一轴，传绋着交首领程斌钦此。”

“乾隆十八年十月初六日承恩公德保奉旨，紫檀木冠架应当用整木成做，为何用碎木成做，将白世秀议罪钦此。”

“乾隆十八年十二月初一日副催总五十持来员外郎郎正培等押帖一件，人开十七年六月十九日员外郎白世秀来说太监胡世杰交紫檀木雕流云宋龙如意一柄（上随汉玉昭文代等三件隶书本文一张），传旨着照字样用银片成做实用金丝掐做周围边线亦用金丝掐做如意头上汉文刻道填泥金钦此。”

“乾隆十八年（广木作）六月初一日员外郎白世秀来说太监胡世杰交紫檀木墩一件，传旨照样做一件放大再作二件钦此。”

乾隆十九年

“乾隆十九年十月十二日员外郎白世秀达子来说太监胡世杰交鱼变石大小十三块，传旨着配合做大些紫檀木插屏一对，小些紫檀木插屏一对，俱要背板写诗先做样呈览钦此。”

“乾隆十九年十二月二十三日首领吕进朝将嵌玉三块雕紫檀木如意一柄，嵌白玉三块雕紫檀木如意一柄持进交太监胡世杰呈览。”

乾隆二十年

“乾隆二十年十一月（广木作）：十四日员外郎五德库掌大达色催长金江舒传缺笔帖式福海来说太监鄂鲁里交铁金什件雕龙紫檀木箱一件（宁寿宫，有磕缺开裂处）传旨将磕开裂处找补收什好仍交原处钦此（于十一月二日将雕龙紫檀木箱一件收什好呈进交原处讫）”

“乾隆二十年（如意馆）三月十九日太监胡世杰交紫檀木边镶珐琅片插屏一件，传旨着郎世宁起行围图稿一幅准时用白绢画钦此。”

从上述清宫内务府造办处档案可知，清宫内务府造办处为清代宫廷生产制作了大批紫檀家具，这批紫檀家具种类很多，有紫檀木香几座、紫檀木锦地博古大柜、紫檀木高桌、紫檀木琴桌、紫檀木炕案、紫檀木莲花宝座、紫檀木八方炕桌、

紫檀木边玻璃挂屏、豆瓣楠木心紫檀木边书桌、花楠木心紫檀木边活腿桌、紫檀木冠架、紫檀木墩、紫檀木边镶珐琅片插屏、雕龙紫檀木箱等品种，涵盖范围相当广泛，包括了从坐具、桌案、存储用具箱柜以及用于隔断室内视线的插屏等许多品种，这还不包括用紫檀木制成的囊匣、托座等小件摆件。

“乾隆二十五年（木作）二月二十日，木作为做紫檀香几一件，四德领工银五十八两，紫檀木七百二十三斤。

广木作为做西清古鉴册页二十页，舒明阿领工银一百十两，紫檀木一百斤，文锦二丈，大榜纸四十张。

三月十四日木作为做紫檀木案，巴克坦领工银十二两，紫檀木六百一十五斤。

三月十九日木作为做紫檀木香几一对，双住领紫檀木

一百五十三斤，花楠木见方尺二寸八分。

四月初八日，广木作为做塔龛等……李文照领紫檀木一千五百斤。

四月十八日木作为做提梁匣二个，强涌领紫檀木一百四十三斤……木作为做紫檀木座子五十余件，强涌领工两六十三两，紫檀木四百六十三斤。

五月二十二日木作为做玻璃挂屏，段六领紫檀木二百四十八斤。

五月二十四日广木作为做紫檀木古玩座架盒匣等，舒明阿领紫檀木一千斤……广木作为做博古扇匣一件，舒明阿领紫檀木五十斤。

六月初二日广木作为做紫檀木龛，李文照领紫檀木六十斤，工银二十九两。

六月二十日木作为做香几一件，强涌领紫檀木五百二十五斤……木作为做雕龙对二副，强涌领紫檀木四百七十五斤。

六月二十九日，广木为做紫檀木塔龛一座，舒明阿领紫檀木二千斤，工银六百五十两。

七月十一日，广木作为做长高紫檀木塔龛一座，李文照领紫檀木三百斤，工银三百五十两。

七月十四日……如意馆为做鸳鸯插屏，六十一领紫檀木九十五斤，粗布四尺。

八月十四日，木作为做满达香几一件，巴克坦领工银五两，紫檀木六十斤……广木作为做金塔上紫檀木檐子顶子罩等，李文照领紫檀木一千二百斤，工银一百九十两。

十月二十七日，如意馆为做插屏，安太领紫檀木二百六十斤，粗白布四尺。

十一月二十一日，木作为做玻璃挂对一副，巴克坦领紫檀木六十六斤。

十一月二十一日，木作为做鼎座一件，巴克坦领紫檀木八十九斤。

十一月二十二日，广木作为做文雅龛二座，舒明阿领紫檀木五十斤，工银三十三两。

十一月二十五日，广木作为做紫檀木文雅龛四座，舒明阿领工银四十九两，紫檀木一百斤。

十一月二十五日，广木作为做重檐亭式龛，舒明阿领工银二百两，紫檀木五百斤。

十一月二十六日，木作为做紫檀木五屏风一座，强涌领工银六两七钱，紫檀木二百四十七斤。

十一月二十九日，木作为做紫檀木挂屏，巴克坦领工银五两七钱，紫檀木七十八斤。

十一月二十九日，木作为做紫檀木玻璃挂屏，巴克坦领工银二十七两，紫檀木二百五十斤。

十一月二十九日，木作为作紫檀木挂屏，巴克坦领紫檀木七十二斤。

十二月十一日，广木作为做三屏风十座，李文照领紫檀木四百斤，工银一百八十两……广木作为做亭式龛二座，李文照领工银一百八十两，紫檀木三百八十斤。广木作为做三屏风二座，李文照领工两三十五两，紫檀木八十斤。广木作为做五屏风一座，李文照领工银二十五两，紫檀木六十斤。广木作为做三屏风四座，李文照领工银八十两，紫檀木一百八十斤。

十二月十二日，木作为做紫檀木香几，海升领工银二十三两，紫檀木二百九十四斤。木作为做瓷插屏香几一对，强涌领工银一两五钱，紫檀木一百七十九斤。木作为做挑杆

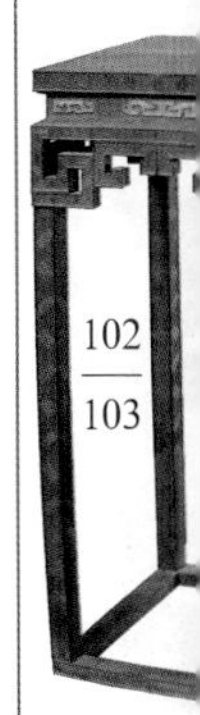

架子一对，强涌领工银三两二钱，紫檀木四十四斤。木作为做满达香几二件，强涌领工银七两八钱，紫檀木一百六十九斤。”[68]

从以上记载可知，清宫内务府造办处为皇家生产制作了大量的紫檀家具，这些紫檀家具的涵盖面很广，有香几、大案、挂屏、插屏、佛龛、古玩架座等，制作家具器用的紫檀木耗用的成本也很高，如上面记载就提到“二月二十日，木作为做紫檀香几一件，四德领工银五十八两，紫檀木七百二十三斤。”制作一件香几，就要用去紫檀木七百二十三斤，支付工匠银五十八两，而“六月二十九日广木为做紫檀木塔龛一座，舒明阿领紫檀木二千斤，工银六百五十两。”制作一件紫檀佛龛，竟用去紫檀木二千斤，支付工匠银两高达六百五十两。如果这件紫檀木塔龛所用的紫檀木的价格按照前文所引《乾隆三十八年内务府造办处文档》记载的粤海关册报的价格是每斤“连运价用银六分三厘零”计算，二千斤紫檀木共耗银一百二十六两之多，再加上支付的工匠银六百五十两，其成本要达到七百七十六两，若按照在京采买的价格“一钱七分”进行计算，制作这件紫檀木塔龛要花费的原材料银两高达三百四十两之多，加上工匠银就要高达一千一百一十六两，真可谓是费工费料。

清朝皇室对紫檀木的极力推崇，是建立在清朝社会经济高度发达的经济基础之上的。正如钱穆《国史大纲》记载清中期社会的经济情况：“清康，雍，乾三朝，正是清代社会高度发展的时期，以这个时期户部存银情况来看，大致可以看出当时经济发展的状况，康熙六十一年，户部存银八百余万两，雍正间，积至六千余万两，自西北两路用兵，动支大半，乾隆初，部库不过二千四百余万两，及新疆开辟，动帑三千万两，而户部反积存七千余万两，及四十一年，两金川用兵，费帑七千余万两，然是年诏称库帑仍存六千余万两，四十六年诏，又增到七千八百万两，且免天下钱粮四次，普免七省漕粮二次，巡幸江南六次，共计不下二万万两，而五十一年之诏仍存七千余万两，又逾九年归政，其数如前，康熙与乾隆正如唐贞观与开宝，天宝也。乾隆晚年之和坤，为相二十年，所抄家产，珍珠手串二百余，大珠大于御用冠顶，宝石顶数十，整块大宝石不计其数，夹墙藏金六千余万两，私库藏金六千余万两，地窖埋藏银三百余万两，人谓其家财八万万。”

从钱氏引文可以看出，清代中期，正处于岁稔年丰、经济繁荣的封建社会高度发达的时期，特别是到了乾隆时期，由于历经康熙、雍正两朝的经略，国库充盈，才使得乾隆皇帝可以拿出足够的资金来满足穷奢极欲的生活消费。乾隆时期皇室对于紫檀家具器用的制作不计工本，促使乾隆朝的紫檀家具的工艺水平及数量均达到了历史上登峰造极的水平，工精料细的乾隆朝紫檀家具成为清代家具的典范之作。现在故宫所存的清宫家具中，乾隆一朝的紫檀家具占有了相当大的比例，这也是与乾隆时期社会经济高度发达，内务府造办处斥巨资大量购进紫檀木原料，不计成本地将紫檀木用于家具的制作分不开的。

5. 年羹尧僭制买紫檀

在清代历史上，年羹尧可以说是一个重要的历史人物。年羹尧，字亮工，号双峰，汉军镶黄旗人，生年不详（一说生于康熙十八年，即公元1679年）。其父年遐龄官至工部侍郎、湖北巡抚，其兄年希尧亦曾任工部侍郎。他的妹妹是胤禛的侧福晋，雍正即位后封为贵妃。年羹尧的妻子是宗室辅国公苏燕之女。所以，年家可谓是地位显贵的皇亲国戚、官宦之家。年羹尧早在康熙年间曾先后任四川巡抚、四川总督、川陕总督，在平定西北地区的叛乱中起到了重要的作用。雍正继位后，已是封疆大吏的年羹尧更是帮助新即位的雍正帝平定边疆少数民族的叛乱，立下了赫赫战功，而得到雍正帝的厚宠，而年羹尧也由此处于一种自我陶醉的状态中，居功自傲，目中无人，而且在起居饮食等方面也作出了许多越轨的事，最终引起雍正帝的警觉和忌恨，招致杀身之祸。

在年羹尧众多僭制越轨的事情中，有一条就是年羹尧曾托人从广东采买了大量的紫檀木，为己所用。雍正二年九月，年羹尧派他手下人到其兄长广东巡抚年希尧处，托年希尧代买二百担紫檀木，又托时任两广总督的孔毓珣购买紫檀木二百担，由于当时年羹尧正是势力炽盛、权倾朝野之际，孔毓珣巴不得结交上这样的朝中勋贵，时任两广总督的孔毓珣竟自己掏腰包，抢先赶在年羹尧的兄长年希尧为其弟购买紫檀木之前，替年希尧垫付了七百六十两白银，买了四十一根紫檀木，重量达二百担，送到了年羹尧处。按照古代计量单位，一担等于一百二十市斤，二百担就是 24000 斤，如果按照四十一根来平均的话，每根紫檀木的重量大约是近六百斤。

雍正三年十一月，年羹尧被雍正帝治罪收押，见风使舵的各级官员纷纷和年羹尧划清了界线，并揭发其罪行，当年曾拍年羹尧马屁的孔毓珣这时也向雍正帝上折，痛哭流涕作着自我检讨，把自己为年羹尧购买四十一根、重达 24000 斤的紫檀木的事坦白汇报。

年羹尧从广东地区为自己购进了四十一根总重量达到 24000 斤的紫檀木，这是一个什么样的概念？我们从雍正初年的内务府造办处的档案记载可知，宫廷里对紫檀木的使用有

署理大將軍印務公臣延信四川陝西總督臣
年羹堯為密陳下悃仰祈
聖訓以免貽悮事竊惟
國家大事莫重於用兵委任人臣莫重於軍務臣
等智識短淺過蒙
聖主委任令會同辦理軍務雖思之又思慎之又慎
難保盡合機宜是以共相勉勵寧遲毋急寧慎
重毋輕忽倘有錯悮臣等獲罪之事甚小上關
聖主用人之處甚大臣等請嗣後凡有緊要事情先
具奏稿密呈
睿覽伏求
聖訓批示以便繕摺奏
聞雖未免煩瀆
宸聰然往返之間為期不過一月既經
聖慮自有
乾斷不獨臣等獲有遵循而軍務大事可免錯悮矣
理合
奏明臣等不勝悚惕之至

朕要朕原不發爾來為地方要緊今覽爾所奏爾要
不見朕原有些難處二者軍務提事結局處舅舅隆
科多奏必得你來同商酌一一地方情形你看可以來得
乘驛速來再舅舅隆科多此人朕與爾先前不但不
深知從真正大錯了七八真

年羹尧奏折

着严格的控制。据雍正三年清宫内务府造办处活计档记载，这年“九月二十六日，朗中赵之为请用紫檀木事过怡亲王，奉王谕：‘应用多少向户部行取，尔等节省着用，不可过费，遵此。’”其后“又启怡亲王，造办处收贮紫檀木俱已用完，现今上交所做活计等并无应用材料，欲将圆明园工程处档子房收贮外省解来入宫紫檀木行取十数根备用等语。奉王谕：‘准行取，遵此。’”可知，当时主管内务府造办处的怡亲王对于紫檀木的原料控制是很严格的，并责成主管官员节约使用，杜绝浪费，最后当为皇家打造家私器用的造办处所存的紫檀木用完之际，又紧急从圆明园工程处调拨来了十多根紫檀木以解燃眉之急。可知当时内务府造办处征调过来的紫檀木也不过十多根，而作为人臣的年羹尧一次竟敢囤购了四十一根紫檀木，能不招到雍正帝的忌恨吗？雍正三年十二月，朝廷议政大臣向雍正提交审判结果，给年羹尧开列92款大罪，请求立正典刑。其罪状分别是：大逆罪5条，欺罔罪9条，僭越罪16条，狂悖罪13条，专擅罪6条，忌刻罪6条，残忍

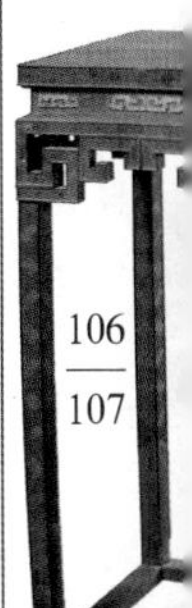

罪4条，贪婪罪18条，侵蚀罪15条。最后年羹尧被赐狱中自裁，年羹尧父兄族中任官者俱革职，嫡亲子孙发遣边地充军，家产抄没入官。叱咤一时的年大将军以身败名裂、家破人亡告终。

6. 紫檀家具与清代宫廷陈设

清代以降，为了满足统治者穷奢极欲的生活享受，清代皇室大兴土木，在明王朝皇宫基础上改建旧有宫殿，或增建新的宫殿，同时还大范围营建苑囿行宫，这些宫殿苑囿装修奢华，富丽堂皇，与不计工本、装修奢华的宫殿相匹配，便是大量精工细作的文玩及家具充斥其间，在清代宫殿内部，紫檀家具及文玩成为重要的室内陈设，清宫陈设档中对此多有记载，现在只举紫禁城内两处宫殿摘录如下，如惇本殿陈设档和乾清宫。

惇本殿位于紫禁城内廷东路的毓庆宫院内，为毓庆宫的前殿。惇本殿始建于清康熙十八年（公元1679年），乾隆五十九年（公元1794年）为殿座前移而拆建，光绪十六年（公元1890年）重修。殿面阔5间，进深3间，黄琉璃瓦歇山顶，前出月台。前殿明间、东西次间均为门，各用隔扇门四扇，东西梢间为槛窗，各四扇。后檐明间为门，隔扇门四扇。殿内明间至今悬有乾隆皇帝御书匾曰“笃祜繁禧”，为嘉庆皇帝公开被立为皇太子时乾隆皇帝所赐。东西两次间隔为暖阁，内皆供奉佛像。是年十月皇太子千秋节前曾御此受贺，是紫禁城内一处重要的殿堂。现在这处殿堂还保留着当时的原貌。据光绪二年惇本殿陈设档记载，里面的陈设相当丰富：

“明殿向南挂：御笔笃祜繁神速匾一面对一副。

向北挂：御笔履道安敦匾一面对一副。

东面窗户上挂：御笔扁式字横披二张。

地平一座上设：红油漆三屏风一座；紫檀木嵌玉宝座一座，（宝座）上设：商银累丝痰盆一件，破坏；紫檀木嵌玉如意一柄。

东西两边安：鸾翎扇二柄，紫檀木镶嵌香几一对；青玉异兽双环鼎炉二件，紫檀木座；青玉甪端一对，紫檀木座填漆几；青玉香筒一对，铜盖座；紫檀木边玻璃大插屏镜一对，紫檀木座；靠插屏两边设：水法钟一对，玻璃罩花梨木几；铜珐琅出口花觚二件，紫檀木座。

宝座前安：紫檀镶嵌御案一张；紫檀嵌玉长方匣一件，内盛石砚一方；洋瓷珐琅水盛一件，铜匙紫檀木座；青玉笔山一件，紫檀木座；青玉墨床一件，紫檀木座；墨一锭；白玉有盖四方鼎一件，紫檀木座；碧玉插屏一对，紫檀嵌玉座；碧玉口纹扁瓶一件，紫檀木座；碧玉笔筒一件，内插紫檀木嵌玉如意一柄，笔一枝；诗手卷一卷，紫檀木座，嵌一块玉紫檀木方匣一件。

东西墙上挂：紫檀木边缂丝福寿绵长挂屏四件；铜火盆二件。

靠背墙两边安：楠木雕龙顶竖权柜一对；东柜内盛：紫檀木嵌银片字长方罩盖匣一件，内盛：御笔佛说阿弥陀经一册；雕紫檀木方匣一件，内盛：御笔诗扇十柄；紫檀木罩盖匣一件，内盛：御笔手卷四卷；紫檀木长方匣二件，内各盛：御笔字诗扇一柄；御笔字紫檀木边缂丝对一副，紫檀木边漆心镶嵌挂屏一对，漆上刻御笔字；紫檀木边嵌牙罗汉铜福寿银母诗意挂屏一对，上嵌御笔字；紫檀木边铜掐丝珐琅插屏一对，背后刻：御笔字诗意；紫檀镶嵌文具一对，内各盛：御笔手卷三卷，御笔册页三册；紫檀木镶嵌葫芦一件，玉图章九方，楠木匣一件，内盛石砚一方，御笔紫檀木边缂丝一副；雕紫檀木镶嵌八角盒四件，每件内盛：御笔字册页三册；

紫檀木嵌玉葵瓣盒一件，内盛：御笔字册页二册；紫檀木嵌银片字图盒一件，内盛：御笔字册页二册，白玉十二辰；紫檀木嵌一块玉长方罩盖匣一件，内盛帝学书一套，压岁小荷包五十九个；雕紫檀木罩盖匣一对，内各盛：御笔字诗扇十柄；雕紫檀木长方罩盖匣一件，内盛：御笔字诗扇四十柄；紫檀木边黑漆心八角罩盖盒一件，内盛：御笔字诗扇四十一柄；紫檀木罩盖匣一对，内各盛：御笔册页各五册，御笔挂轴一轴，玉轴头；紫檀木长方匣一件，内盛：御笔字扇二柄；紫檀木罩盖匣一件，内盛：御制千叟宴诗一册；仁宗睿皇帝御笔字册页一册。

柜顶上设：御笔紫檀木嵌绿牙字挂对一副，御笔字册页大小二十八册，御笔字手卷三卷，御笔字诗扇四十三柄，御笔字挑山对七副，御笔字挑山三张，铜火盆大小十一件。"

从上述惇本殿陈设档的记载可以看出，惇本殿作为毓庆宫一区的主要宫殿，其内部家具陈设较为讲究，在清代宫中，主要宫殿正间里都会安有地平，在地平上通常要陈设有宝座屏风之类的家具，以示庄严威仪。惇本殿的地平上陈设有红油屏风，在屏风前陈设有紫檀嵌玉宝座。这种紫檀宝座多数陈设在紫禁城中轴线以外的主要宫殿中，在这张宝座之上又放有紫檀嵌玉如意，这是清宫紫檀宝座上面的一种固定模式。在惇本殿宝座东西两边安有一对紫檀木镶嵌香几以及带有紫檀木底座的青玉异兽双环鼎炉二件。在宝座两侧，陈设有紫檀木边玻璃大插屏镜一对，这种插屏镜也是清代主要宫殿正间中的重要陈设家具，一般陈设在地平的两侧。而这一对紫檀玻璃插屏两边还陈设有：带有紫檀木座的铜珐琅出口花觚二件。

在紫檀嵌玉宝座的前面又陈设有紫檀御案，在御案上陈设有各种文玩，而这些文玩无一例外都座落在紫檀木的底座之上或存储在紫檀木罩盖匣中。“紫檀镶嵌御案一张；紫檀嵌玉长方匣一件，内盛石砚一方；洋瓷珐琅水盛一件，铜匙紫檀木座；青玉笔山一件，紫檀木座；青玉墨床一件，紫檀木座；墨一锭；白玉有盖四方鼎一件，紫檀木座，碧玉插屏一对，紫檀嵌玉座；碧玉口纹扁瓶一件，紫檀木座，碧玉笔筒一件，内插紫檀木嵌玉如意一柄，笔一枝；诗手卷一卷，紫檀木座，嵌一块玉紫檀木方匣一件。”从惇本殿陈设档可以看出，里面陈设有紫檀家具有紫檀宝座、紫檀香几、紫檀御案、紫檀插屏镜、紫檀挂屏等家具，随处可见紫檀家具。

我们再来看一看乾清宫陈设档里的紫檀家具陈设：乾清宫是内廷主要建筑之一，始建于明永乐十八年（公元1420年），正德九年（公元1514年）、万历二十四年（公元1596年）两次毁于火，万历三十三年（公元1605年）重建。清朝建立后，定鼎北京，在宫殿建筑上仍沿明制，于顺治二年（公元1645年）重修；十年（公元1658年）重建，十三年（公元1656年）建成。康熙八年（公元1669年）、十九年（公元1680年）重修。嘉庆二年（公元1797年）毁于火，三年（公元1798年）重修。乾清宫连廊面阔五间，通面阔近30米，进深五间，通进深14米余。建筑面积1400余平方米，重檐庑殿顶，上覆黄琉璃瓦，自台面至正脊通高20余米，檐角兽9个，上层檐单翘双昂七彩斗拱，下层檐单翘单昂五踩斗拱，饰金龙合玺彩画。明间、东西次间，三间通为正殿。清宫内廷中，乾清宫正间的陈设与太和殿陈设格局基本一致。但乾清宫是皇帝处理政务和群臣上朝议事的场所，除了屏风、宝座、香亭外，根据实际需要，在宝座前又增加了御案。乾清宫地平上正中陈设有金漆雕云龙纹宝座，后有金漆雕云龙纹五扇式屏风。两侧陈设用端、仙鹤烛台、垂恩香筒等，宝座前有批览奏折的御案，这一组陈设全部坐落在三层高台上。

根据道光十五年乾清宫明殿现陈设档的记载：乾清宫内的陈设较为丰富：

“乾清宫明殿地平一分。

金漆五屏风九龙宝座一分：紫檀木嵌玉三块如意一柄，红雕漆痰盆一件，玻璃四方容镜一面，痒痒挠一把。

铜掐丝珐琅甪端一对，紫檀香几座。

铜掐丝珐琅垂恩筒一对，紫檀木座。

铜掐丝珐琅仙鹤一对。

铜掐丝珐琅圆火盆一对。

东西板壁下设：紫檀木大案一对，上设：古今图书集成五百二十套，计五千零二十本。

天球地球一对，紫檀木座。

乾清宫内景照

铜掐丝珐琅鱼缸一对，紫檀木座。

铜掐丝珐琅满堂红戳灯二对。

紫檀木案一张，上设：周蟠夔鼎一件，紫檀木座；铜掐丝珐琅兽面双环尊一件紫檀木座；青花白地半壁宝月瓶一件，紫檀木座；皇舆全图八套，皇舆全览一套，国朝宫史四套。

紫檀木案二张，上设：皇朝礼器图二十四匣，计九十二册。

红金漆马扎宝座一件。

引见楠木宝座一张，上设：红雕漆痰盆一件，玻璃四方容镜一面，青玉靶回子刀一把。

引见小床二张，图丝根一张（一种体形低矮的炕桌），栽绒毯子一块；国朝宫史一部。

年节安设：青汉玉挂璧一件，紫檀木架；铜胎珐琅四方瓶一对；铜胎珐琅双管尊一对；玻璃花一对。

年节及寻常铺设：黄氆氇坐褥四件；衣素小坐褥二件；铜胎掐丝珐琅八方亭式火盆一对，紫檀座：棕竹股扇子一柄：御笔墨刻匾一面；御笔对二幅；红心白毡九十五块。”

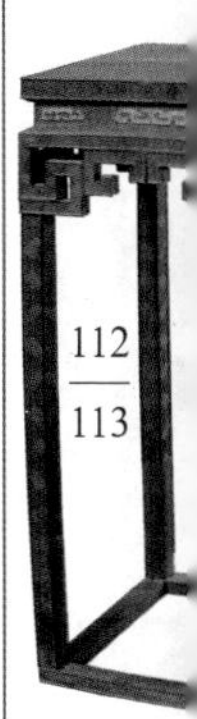

从道光年间的陈设档记载可以看出，乾清宫位于内廷，其内部的陈设较为充实，有金漆五屏风宝座、紫檀木大案、红金漆马扎宝座、引见楠木宝座、珐琅戳灯、图思根（实为一种体形低矮的炕桌）等家具，在宝座上陈设有紫檀木嵌玉如意、红雕漆盆、痒痒挠等充满生活情趣的器皿，在紫檀案上还陈设有古今图书集成、周蟠夔鼎、掐丝珐琅尊、宝月瓶、皇舆全图、皇朝礼器图等钟鼎彝器及图书典籍，除此之外还有一些专用于宝座地平陈设的器具如仙鹤、垂恩筒、甪端等。这组陈设虽然丰富，但是基本上还是传统的屏风宝座甪端香筒的固定模式。其中甪端是中国古代传说中的一种具有神异功能的瑞兽，号称能日行一万八千里，通晓四夷语言，好生恶杀，知远方之事，若逢明君有位极人臣，则奉书而地，护卫于侧，把甪端陈设在禁宫大内的宫殿，寓意皇帝圣明，广开言路，近贤臣远小人；香筒为燃香这用，在香筒内可以燃放檀香，当檀香燃烧后，一缕缕的青烟从镂空筒身飘然而出，云烟缭绕，寓意太平、安定、大治；仙鹤则象征长寿。

而乾清宫东暖阁的陈设则富于变化，据档案记载：乾清宫东暖阁里陈设：

“东暖阁炕宝座上设：紫檀木嵌玉如意一柄，红雕漆痰盒一件，玻璃四方容镜一面，痒挠一把，青玉靶回子刀一把。左边设：紫檀木桌一张，桌上设：御笔青玉片册，附紫檀匣；砚一方，附紫檀匣，铜镀金匣；松花石暖砚一方，青玉出戟四方盖瓶 件，附紫檀商丝座，五彩瓷白地蒜头瓶 ·件。右边桌上设：铜掐丝珐琅炉瓶合托盘一分；定瓷平足洗一件；铜掐丝珐琅冠架一件；紫檀木箱一对，左边箱上设：五体清文六套，右边箱上设：西清古鉴四套；续鉴二套。地下设：铜掐丝珐琅四方火盆一件，玉瓮一件。

楼上设：殿神牌位三龛，随紫檀高桌二张，铜掐丝珐琅五供一分，铜掐丝珐琅瓶盒一分，黄云缎桌围二件，裁绒毯一方。

楼下抑斋落地罩内；楠木包镶床上设：红雕漆痰盒一件，痒挠一把，青玉靶回子刀。左边设：紫檀木桌一张，桌上设：青玉炉瓶盒一分，右边设：紫檀木桌一张，桌上设：汉白玉仙人插屏一件，附紫檀座；青花白地瓷瓶一件；淳化阁帖二十四册，盛于紫檀匣内；紫檀木箱三件；五经十二套；铜胎掐丝珐琅海晏河清书灯一件；铜胎掐丝珐琅蜡阡三件。

年节及寻常铺设：黄氆氇座褥二件，石青缎迎手靠背二份，衣素座褥二件，随葛布套，妆缎坐褥三年，炕毡一块，地毯三块。炕上设：御笔二十四册，随紫檀匣；芝屏一件，紫檀座。楼下设：紫檀木嵌硝石高桌一张；铜镀金佛五尊；银镀金珐琅五供；八吉祥各一份；法盏一件；铜掐丝珐琅炉瓶盒一份；黄云缎桌围一块；绛丝桌围二块；红雕漆箱一件，内盛御笔书画卷二十件。”

以上乾清宫明殿是清代皇帝升座引见官员以及内廷朝贺、筵宴的处所。东暖阁则为皇帝召见臣工的办事处所，里面陈设则较为随意，东暖阁没有正殿的那种象征皇权威仪的金漆宝座屏风及甪端、仙鹤烛台、垂恩香筒等，而是一些摆放文玩玉器漆盒的紫檀桌子及生活气息很浓的紫檀大箱。

纵观整个乾清宫内的陈设，可以看出，乾清宫位于紫禁城内中轴线一区之上，作为中轴线上的主要建筑，乾清宫内地平上的宝座屏风陈设为金漆龙纹屏风宝座，这是紫禁城中轴线一区宫殿家具陈设的固定规制，除了金漆髹龙屏风宝座之外，还有更多的紫檀家具及文玩、紫檀木底座被充实到殿内，在乾清宫明殿金漆宝座上陈设有紫檀嵌玉如意，地平台下陈设着紫檀香几，上面摆放铜镀金掐丝珐琅甪端，铜掐丝珐琅垂恩香筒，下踩紫檀底座。在东西板壁之下，分别陈放着一对紫檀木大案，上面摞着古今图书集成520套。紫檀木案地二张，上面陈设着皇朝礼器图二十四匣，九十二册。明殿内还陈设有种类钟鼎彝器和瓷器珐琅等陈设品，如周蟠夔鼎、青花白地半壁宝月瓶，铜掐丝珐琅鱼缸、铜掐丝珐琅戳灯、铜掐丝珐兽面纹双环尊等，这些陈设品都安放在紫檀底座之上。

[1]（明）曹昭．新增格古要论：下 [Z]. 北京：中国书店，1987（4）.

[2]（明）李栩．戒庵老人漫笔 [Z]. 北京：中华书局，1982.

[3]（元）亦黑迷失．元史：卷一百三十一 [Z]. 北京：中华书局出版社，1979：3198.

[4]（元）亦黑迷失．元史：卷一百三十一 [Z]. 北京：中华书局出版社，1979：3198.

[5] 陈高华，陈尚胜．中国海外交通史 [M]. 台北：台湾文津出版社，1997（8）.

[6] 赵丽．家具用木材 [M]. 咸阳：西北农林科技大学出版社，2003（11）.

[7] 胡德生．中国家具真伪识别 [M]. 沈阳：辽宁人民出版社，2004（1）.

[8]（元）亦黑迷失．元史：卷一百三十一 [Z]. 北京：中华书局出版社，1979：3198.

[9]（元）亦黑迷失．元史：卷十九 [Z]. 北京：中华书局，1979：3198.

[10]（元）王士．营造经典集成 [Z]. 北京：中国建筑工业出版社，2010.

[11]（清）于敏中，等．日下旧闻考：卷三十 [Z]. 北京：北京古籍出版社，1983.

[12]（元）亦黑迷失．元史：卷十六 [Z]. 北京：中华书局出版社，1979.

[13]（清）柯劭忞于．新元史：卷三十九 [Z]. 北京：中国书店，1985.

[14]（元）陶宗仪．南村辍耕录：卷二十一 [Z]. 北京：中华书局出版社，1959（2）.

[15] 高丽人．朝鲜史略：卷五 [Z]. 台北：台湾新文丰出版公司，1991.

[16]（清）于敏中，等．日下旧闻考：卷三十 [Z]. 北京：北京古籍出版社，1983.

[17]（清）于敏中，等．日下旧闻考：卷三十一 [Z]. 北京：北京古籍出版社，1983.

[18]（元）亦黑迷失．元史：卷十七 [Z]. 北京：中华书局出版社，1979.

[19]（元）陶宗仪．南村辍耕录：卷二十一 [Z]. 北京：中华书局，1959（2）.

[20]（清）柯劭忞于．新元史：卷七十八 [Z]. 北京：中国书店，1985.

[21]（清）柯劭忞于．新元史：卷七十八 [Z]. 北京：中国书店，1985.

[22]（明）高濂．遵生八笺 [Z]. 成都：巴蜀书社，1988（6）：547.

[23]（明）高濂．遵生八笺 [Z]. 成都：巴蜀书社，1988（6）：281.

[24]（明）高濂．遵生八笺 [Z]. 成都：巴蜀书社，1988（6）：488.

[25]（明）高濂．遵生八笺 [Z]. 成都：巴蜀书社，1988（6）：533—534.

[26]（明）沈德符．万历野获编：卷二十六 [Z]. 北京：中华书局出版社，1959（2）：663.

[27]（明）文震亨．长物志：卷七 [Z]. 上海：上海古籍出版社，1993（8）：423.

[28]（明）文震亨．长物志：卷七 [Z]. 上海：上海古籍出版社，1993（8）：419.

[29]（明）谢肇淛．五杂俎：卷十二 [M]. 北京：中华书局出版社，1959.

[30]（清）王士祯．池北偶谈：卷六 [Z]. 北京：中华书局出版社，1982（1）：136.

[31]（清）张廷玉．明史：卷七十四 [Z]. 北京：中华书局出版社，1974.

[32] 杨士聪．四库全书存目丛书 [Z]. 济南：齐鲁出版社，1995（9）：528.

[33] 中国历史研究社．崇祯长编：卷一 [Z]. 上海：上海书店，1982（3）.

[34]（清）王士祯．分甘余话 [Z]. 北京：中华书局出版社，1989（2）：31.

[35]（清）李斗．扬州画舫录：卷四 [Z]. 北京：中华书局出版社，1960（4）：99.

[36]（清）屈大均．广东新语：下 [Z]. 北京：中华书局出版社，1985（4）.

[37] 钦定大清会典：卷二十三 [Z]．光绪二十五年刊本．国家法院博物馆珍藏．

[38]（清）贺长龄．皇朝经世文编 [Z]．道光七年刊本．艺芸书局珍藏．

[39] 彭雨新．清代关税制度 [Z]. 武汉：湖北人民出版社，1956：11.

[40] 孙文学．中国关税史 [Z]. 北京：中国财政经济出版社，2003（3）：117.

[41] 故宫博物院编．钦定户部则例：卷六十二 [Z]. 海口：海南出版社，2000（6）：125 .

[42] 故宫博物院编．钦定户部则例：卷七十 [Z]. 海口：海南出版社，2000（6）：181.

[43] 故宫博物院编．钦定户部则例：卷七十 [Z]. 海口：海南出版社，2000（6）：184.

[44] 故宫博物院编．钦定户部则例：卷七十 [Z]. 海口：海南出版社，2000（6）：188.

[45] 故宫博物院编．钦定户部则例：卷七十一 [Z]. 海口：海南出版社，2000（6）：199.

[46] 故宫博物院编．钦定户部则例：卷七十二 [Z]. 海口：海南出版社，2000（6）：205.

[47] 故宫博物院编．钦定户部则例：卷七十三 [Z]. 海口：海南出版社，2000（6）：218.

[48] 故宫博物院编．钦定户部则例：卷七十三 [Z]. 海口：海南出版社，2000（6）：220.

[49] 故宫博物院编．钦定户部则例：卷七十五 [Z]. 海口：海南出版社，2000（6）：230.

[50] 故宫博物院编．钦定户部则例：卷七十六 [Z]. 海口：海南出版社，2000（6）：265.

[51] 故宫博物院编．钦定户部则例：卷七十六 [Z]. 海口：海南出版社，2000（6）：252.

[52] 故宫博物院编．钦定户部则例：卷八十 [Z]. 海口：海南出版社，2000（6）：353.

[53] 故宫博物院编．钦定户部则例：卷八十一 [Z]. 海口：海南出版社，2000（6）：363.

[54] 故宫博物院编．钦定户部则例：卷八十二 [Z]. 海口：海南出版社，2000（6）：375.

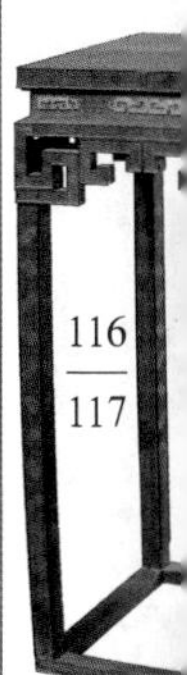

[55] 故宫博物院编 . 钦定户部则例：卷八十三 [Z]. 海口：海南出版社，2000（6）：382.

[56] 故宫博物院编 . 钦定户部则例：卷八十七 [Z]. 海口：海南出版社，2000（6）：404.

[57] 故宫博物院编 . 钦定户部则例：卷八十七 [Z]. 海口：海南出版社，2000（6）：407.

[58] 故宫博物院编 . 钦定户部则例：卷八十八 [Z]. 海口：海南出版社，2000（6）：412.

[59] 郭黛姮 . 内檐装修及宫廷建筑室内空间 [C] // 于倬云，朱诚如 . 中国紫禁城学会论文集：第二集 . 北京：紫禁城出版社：第二集，1997.

[60]（清）鄂尔泰，张廷玉 . 国朝宫史：上册 • 卷十一 [Z]. 北京：北京古籍出版社，1987（7）：177 .

[61]（清）钱泳 . 履园丛话：卷十二 [Z]. 北京：中华书局出版社，1979（12）：322 .

[62] 钦定大清会典事例 [Z] . 清光绪三十四年商务印书馆石印本 .

[63] 田家青 . 明清家具鉴赏与研究 [M]. 北京：文物出版社，2003（9）：124.

[64] 中国第一历史档案馆，香港中文大学文物馆 . 清宫内务府造办处档案总汇：第七册 [Z] . 北京：北京出版社，2005（11）：640—648 .

[65] 中国第一历史档案馆，香港中文大学文物馆 . 清宫内务府造办处档案总汇：第八册 [Z] . 北京：北京出版社，2005（11）：56—67 .

[66] 中国第一历史档案馆，香港中文大学文物馆 . 清宫内务府造办处档案总汇：第三十六册 [Z] . 北京：北京出版社，2005（11）：813—814 .

[67] 中国第一历史档案馆，香港中文大学文物馆 . 清宫内务府造办处档案总汇：第四十八册 [Z]. 北京：北京出版社，2005（11）：1 .

[68] 中国第一历史档案馆，香港中文大学文物馆 . 清宫内务府造办处档案总汇：第二十五册 [Z]. 北京：北京出版社，2005（11）：720—792.

中国古代楠木使用考略

中国的传统家具，历史悠久，而楠木作为中国古代名贵的家具用材，在中国家具史上占有着重要地位。楠木为常绿乔木，高十余丈，叶为长椭圆形。按照现代植物分类学，楠木约有 90 多种，主要分布在亚热带地区，我国约有 30 多种，主产于我国中低纬度地带的长江流域以南，尤以西南为常见，与产于东北高纬度寒冷地区的松木和产于热带地区的紫檀、黄花梨不同，楠木产自我国四川、云南、广西、湖北、湖南等地，这里气候温暖湿润，既无高纬度地区的狂风暴雪肆虐，又无

四川雅安地区的楠木

热带雨林地区的炎日酷热烤晒，独特的自然环境和气候条件造就了楠木温润平和的木质特性。楠木的木质结构细，纹理直，易加工，耐久性强，切面光滑，为珍贵木材，被封建帝王之家所推崇，成为帝王之家营建宫室、打造家具的重要用材。

一、楠木——古代宫殿建筑的重要用材

历代名家对楠木的木性极为推崇，如李时珍在《本草纲目》中谓："楠木生南方，而黔、蜀山尤多……叶似豫章，而大如牛耳，一头尖，经岁不凋，新沉相换。其花赤黄色。实似丁香，色青……干甚端伟，高者十余丈，巨者数十周，气甚芬芳，为梁栋器物皆佳，盖良材也。色赤者坚，白者脆。其近根年深向阳者，结成草木山水之状，俗呼为骰柏楠，宜作器。"

高大挺拔的楠树，摄于四川雅安的云峰寺

明代文人王志性所撰的《广志绎》卷四“江南诸省”记载楠木：“天生楠木，似专供殿庭楹栋之用，凡木多困轮盘屈，枝叶扶疏，非杉、楠不能树树皆直，虽美杉亦皆下丰上锐，顶踵殊科，惟楠木十数丈余，既高且直，又其木下不生枝，止到木巅方散干布叶，如撑伞然，根大二丈则顶亦二丈之亚，上下相齐，不甚大小，故生时躯貌虽恶，最中大厦尺度之用，非殿庭真不足以尽其材也。大者既备官家之采，其小者土商用以开板造船，载负至吴中则拆船板，吴中拆取以为他物料。力坚理腻，质轻性爽，不涩斧斤，最宜磨琢。故近日吴中器具皆用之，此名香楠。又一种名柏楠，亦名豆瓣楠，剖削而水磨之，片片花纹，美者如画，其香特甚，爇之，亦沉速之次。又一种名瘿木，遍地皆花，如织锦然，多圆纹，浓淡可挹，香又过之。此皆聚于辰州。或云，此楠也，树高根深，入地丈余，其老根旋花则为瘿木，其入地一节则为豆瓣楠，其在地上为香楠。”另据明朝贺仲轼的《两宫鼎建记》记载，“……覆川湖贵减楠木尺寸疏，照得楠木，宫殿所需，每根动费千万两，不中绳墨，采将安用？”

楠木由于其不喧不燥、经久耐用的独特属性，成为皇家建筑中不可或缺的重要木材，与皇室贵胄之家结下了不解之缘，被打上了名贵的标签。据《钦定大清会典》记载：“凡修建宫殿所需物材攻石炼灰皆于京西山麓，楠木采于湖南福建四川广东”。上述记载说明了当时楠木主要是皇家宫殿的重要建材，此外还用于制作舟船，但用楠木作家具的记载，目前笔者所见的最早的史料是元末陶宗仪所著的《南村辍耕录》，据陶氏所说，在元代宫廷内，就有楠木制成的宝座、屏床和寝床：“后香閤（同阁）一间。东西一百四十尺，深七十五尺，高如其深……阁上御榻二。柱廊中设小山屏床，皆楠木为之，而饰以金。寝殿楠木御榻，东夹紫檀御榻……香閤（同阁）楠木寝床，金缕褥，黑貂壁幛。”[1]可知，早在元代，楠木就已应用于宫廷家具的制作，成为皇家青睐的家具用材。同样是该书还记载了在元代宫廷里，建有一座楠木殿，通体以楠木为建材做成。“文德殿在明晖外，又曰楠木殿，皆楠木为之，三间。”这可能是中国历史上明确的文献记载最早以楠木为建材建造的宫殿。

明清两代大肆营造宫殿建筑，对楠木的需求达到了历史上的巅峰。明代的宫殿及城楼、寺庙行宫等重要建筑，其栋梁必用楠木。明永乐四年(公元1460年)诏建北京宫殿时就“分遣大臣采木于四川、湖广、江西、浙江、山西”，这在明史上有明确的记载。而现在给人们留下深刻印象的明代楠木建筑是明长陵的祾恩殿以及北海北岸西天梵境内的大慈真如宝殿。这两处殿宇都是始建于明代，所有结构全部采用金丝楠木，殿内完全不施彩绘，保留了楠木的本色。

到了清代，人们对楠木更是宠爱有加，清康熙时修建的承德避暑山庄的主殿——澹泊敬诚殿，也是一座著名的楠木大殿；还有清西陵道光帝的慕陵隆恩殿、配殿建筑木构架均为楠木，并以精巧的雕工技艺雕刻出1318条形态各异的蟠龙和游龙。慕陵隆恩殿的楠木雕刻已突破了其他清陵油饰彩绘的做法，在原木上以蜡涂烫，壮美绝伦。

除了皇家宫殿建筑及陵寝以外，皇家的王府以及坛庙之中，也多处用到了楠木。如北京什刹海西南角的恭王府，原为乾隆朝权臣和申的府邸和嘉庆皇帝的弟弟永璘的府邸。恭王府在和申宅邸时，里面的精品建筑锡晋斋，其内部装修仿照紫禁城宁寿宫乐寿堂的样式盖了仙楼，外面看为一层，但实为两层，精巧异常。屋内隔断全部用金丝楠木建造，金砖

清西陵慕陵隆恩殿外景

清西陵慕陵隆恩殿楠木雕龙天花板

墁地，装修豪华，超越了臣子应有的建筑规格。

天坛祈年殿是清王朝举行祈谷典礼的神殿，是一座木结构三重檐圆攒尖顶蓝色琉璃瓦建筑，上檐下正南方悬雕九龙华带金匾，青底金书“祈年殿”。祈年殿高31.6米，台基高5.2米，通高为36.8米。是北京市区最为高大的古建筑之一。

祈年殿最大的特色就是这座殿堂由28根楠木大柱支撑。三层重檐向上逐层收缩作伞状，建筑独特，无大梁长檩及铁钉。祈年殿是按照“敬天礼神”的思想设计的，殿为圆形，象征天圆；瓦为蓝色，象征蓝天，柱子呈环状排列，中间4根龙井柱，高19.2米，直径1.2米，支撑上层屋檐，象征一年四季春、夏、秋、冬；中围的十二根“金柱”象征一年十二个月；外围的十二根“檐柱”象征一天十二个时辰。中层和外层相加的二十四根，象征一年二十四个节气。三层总共二十八根象征天上二十八星宿。再加上柱顶端的八根铜柱，总共三十六根，

祈年殿

祈年殿内的楠木大柱 →

象征三十六天罡。殿内地板的正中是一块圆形大理石，带有天然的龙凤花纹，与殿顶的蟠龙藻井和四周彩绘金描的龙凤和玺图案相六宝顶下的雷公柱则象征皇帝的“一统天下”。祈年殿的藻井是由两层斗栱及一层天花组成，中间为金色龙凤浮雕，结构精巧，富丽华贵。这座由28根楠木大柱支撑的神殿，历经几个世纪的风雨沧桑，至今完整地保留了下来，成为北京城的一座标志性建筑。

清代举行祭祖大典的重要殿堂太庙，也有一座以楠木闻名的殿堂——太庙享殿。太庙位于紫禁城左前方，整座建筑群雄伟壮丽、金碧辉煌，与紫禁城建筑风格协调一致。太庙建筑群中最雄伟壮观的就是享殿了，又名前殿，是明清两代皇帝举行祭祖大典的场所。它是整个大殿的主体，68根大柱及主要梁枋均为楠木，柱高为13.32米，最大底径达1.23米，建筑品质与文物价值只有明长陵的祾恩殿可与其相匹。

太庙前殿

除了皇家建筑及坛庙外，有一些民间建筑也都是以金丝楠建成，如四川绵阳报恩寺、江苏无锡昭嗣堂、江苏溧阳凤凰园楠木厅、江苏苏州王家祠堂的楠木建筑等。

二、古代诗人咏楠木

在中国历史上，更有不少诗人专门作诗歌咏楠木，抒发对楠木的赞美之情，如唐代诗人杜甫和史俊，都曾写出歌咏楠木的诗篇。

唐代是中国古代诗歌发展的全盛时期，名家辈出，而诗人杜甫在一生中写出了多篇充满现实主义的诗作，其诗被称为“诗史”。诗人杜甫作高楠诗一首，满怀激情的对楠木进行讴歌：“楠树色冥冥，江边一盖青。近根开药圃，接叶制茅亭。落景阴犹合，微风韵可听。寻常绝醉困，卧此片时醒。”对楠木独特的身姿以及奇异的解酒功能进行了赞叹。

同为唐代诗人的史俊在《题巴州光福寺楠木》诗中更是以神来之笔向我们描述了楠木卓尔不群的特质："近郭城南山寺深，亭亭奇树出禅林。结根幽壑不知岁，耸干摩天凡几寻。翠色晚将岚气合，月光时有夜猿吟。经行绿叶望成盖，宴坐黄花长满襟。此木尝闻生豫章，今朝独秀在巴乡。凌霜不肯让松柏，作宇由来称栋梁。会待良工时一眄，应归法水作慈航。"史俊对楠木凌寒不让松柏、摩天入云、伟岸端直、堪作建筑栋梁之材的优点大加激赞。

三、明清宫廷对楠木的开采

明清两代，随着社会经济的发展，工艺技术的提高，帝王之家大兴土木，对楠木的需求有增无减。明代建立之初，为营造宫室，需用大量的建材，明朝统治者派员从南方采伐大量的楠木，源源不断地充斥内廷，成为帝王之家建筑的栋梁之材，前文提到明永乐四年（公元 1460 年）诏建北京宫殿时就"分遣大臣采木于四川、湖广、江西、浙江、山西"，在云南省昭通市盐津县滩头乡界碑村营盘社龙塘湾的两处明代摩崖题刻，均自右至左直书，记载了明代朝廷对此处楠木的开采这一史实。其一为明洪武八年（公元 1375 年）伐植楠木，直书七行；其二为明永乐五年（公元 1407 年）拖运楠木，直书五行，皆为修建宫殿备料纪实，原文如下："大明国洪武八年乙卯十一月戊子上旬三日，宜宾县官部领夷人夫一百八十名，砍剁宫阙香楠木植一百四十根。大明国永乐五年丁亥四月丙午日，叙州府宜宾县官主簿陈、典史何等部领人夫八百名，拖运宫殿楠木四百根。"[2] 又据《明史・食货志》记载："（万历）二十四年（公元 1596 年）三殿兴工，采楠杉诸木费银930余万两，征诸民间，较较嘉靖年费更倍。”入清以后，沿袭明制，一遇宫殿大工，仍派员到湖北、四川等地采办楠木，清代康熙初年，为兴建太和殿，曾派官赴浙江、福建、广东、广西、湖南、湖北、四川等地大量采办过楠木。据《欽定大清会典》记载：“凡修建宫殿所需物材攻石炼灰皆于京西山麓，楠木采于湖南福建四川广东”。

楠木的主地产主要是在西南的四川的深山峻岭之中，开采可谓十分艰辛，四川的地形地貌极为复杂，西面为青藏高原控扼，北有秦岭巴山绝壁悬崖屏障重重；南为云贵高原拱卫，金沙江奔腾咆哮于其间。四川周围皆是“黄鹤之飞尚不得过，猿猱欲渡愁攀援”的悬岩绝地，故古人叹曰“蜀道之难难于上青天”。据康熙六年四川巡抚张德地上奏朝廷，采木工种和人员有架长、斧手、人夫等，都是从湖广辰州府招募的。架长看路，找厢，“找厢者，即垫低就高，用木搭架，将木置其上，以为拽运。”斧手伐树、取材、穿鼻、找筏，承担伐木，将木材凿眼穿成木筏等主要工作。人夫将木材拽运到河，石匠打挡路石；篾匠做缆子，铁匠打斧头与一应使用器具。一株长七丈、周长一丈二三尺的楠木，用拽运夫500名，其余按尺度减用。运路每十里安一塘，安一塘送一塘，直到大江。秋九月从山上起运，次年二月停止，因三月河水泛涨，难以找厢，所以放工。到七月，先动人夫50人寻茹缆皮，堆集于厢上，取其滑便于拽木。劳工报酬是每夫日支米一升，雇工银六分，斧手、架手日支米一升，雇工银一钱。

另据康熙二十二年（公元1683年）何源浚、王陟所述采木艰难情况：楠木皆生于深山穷谷、大箐峻坂之间。当砍伐之时，非若平地易施斧斤。必须找厢搭架，使木有所倚，且便削其枝叶。多用人夫缆索维系，方无坠损之虞。有时竟需搭天桥长至三百六十丈。此砍木之难也。拽运之路，俱极险窄，空手尚苦难行，用力最不容易。必须垫低就高，用木搭架，非比平地可用车辆。上坡下坂，辗转数十里或百里，始至小溪。又苦水浅，且溪中皆怪石林立。必待大水泛涨，漫石浮木，始得放出大江。然木至小溪，以泛涨为利；木在山陆，又以泛涨为病。此拽运之难也。”据此，何源请求朝廷停办此项差事。而楠木的运输从人力到物力其成本极大，这方面明代工部给事中王德完有过一个详细的统计，万历三十五年（公元 1607 年）王德完统计：“计木一株，山本仅十余金。而拽运辄至七八百人，耽延辄至八九月，盘费辄至一二千两。上之摩青天，下之窥黄泉，岂惟糜不赀之财，抑且损多人之使。”[3]可见楠木的采伐成本相当高，采伐一株楠木，除了原料成本再加上人工成本，连运费算内，要一两千两白银，采木之艰辛与劳民伤财由此可见一斑。

由于明清两代对楠木毫无节制地开采，使得楠木已难以满足清代统治者大兴土木的需要。康熙八年维护乾清宫、太和殿，由于楠木不敷使用，康熙皇帝就酌量以松木凑用，著停止采用楠木，康熙二十五年，康熙皇帝进一步指示“今塞外松木材大，可用者甚多，若取充殿材，即数百年亦可支用，何必楠木，著停止采运。”[4]以后，用于建筑栋材的楠木使用相对减少，逐渐被用于宫殿室内的装修及家具文玩器物的制作中。

在中国传统民间传说中，对楠木也赋予极强的文化象征意义。中国人习惯将许多发明归托为上古时期的圣人，如神农氏亲尝百草，以辨别药物作用，并以此撰写了人类最早的著作《神农本草经》，同时教人种植五谷、豢养家畜，使中国古代农业社会结构完成。有巢氏是人类原始巢居的发明者、巢居文明的开拓者。上古之世，人民少而禽兽众，人民不胜禽兽虫蛇。有圣人作，构木为巢以避群害，而民悦之，使王天下，号曰有巢氏。而人类文明的重要标志之一便是发明了火种，在西方的神话传说中，普罗米修斯给人类带来火种，而中国古代的神话传说中，燧人氏钻木取火，为中华民族驱逐黑暗，带来文明。燧人氏取火的木种，竟然是楠木。

据《子不语》记载："四川苗洞中人迹不到处，古木万株，有首尾阔数十围，高千丈者。邛州杨某为采贡木故，亲诣其地，相度群树。有极大楠木一株，枝叶结成龙凤之形，将施斧锯，忽风雷大作，冰雹齐下，匠人惧而停工。

其夜，刺史梦一古衣冠人来，拱手语曰：'我燧人皇帝钻火树也。当天地开辟后，三皇递兴，一万余年，天下只有水，并无火，五行不全。我怜君民生食，故舍身度世，教燧人皇帝钻木出火，以作大烹，先从我根上起钻，至今灼痕犹可验也。有此大功，君其忍锯我乎？'刺史曰：'神言甚是。但神有功，亦有过。'神问：'何也？'曰：'凡食生物者，肠胃无烟火气，故疾病不生，且有长年之寿。自水火既济之后，小则疮痔，大则痰壅，皆火气烝熏而成。然后神农皇帝尝百草、施医药以相救。可见燧人皇帝以前民皆无病可治，自火食后，从此生民年寿短矣。且下官奉文采办，不得大木不能消差，奈何？'神曰：'君言亦有理。我与天地同生，让我与天地同尽。我有曾孙树三株，大蔽十牛，尽可合用消差。但两株性恭顺，祭之便可运斤；其一株性崛强，须我论之，才肯受伐。'次日如其言，设祭施锯，果都平顺；及运至川河，忽风浪大作，一木沉水中，万夫曳之，卒不起。"

从上文可知，清代地方官员为皇家采伐楠木，遇到了一株极为高大茂盛的楠树，在即将施以斧凿之际，这株楠木上空立即狂风大作，冰雹相加，负责采办的官员不得不下令停工，入夜之后，这位官员梦见一位穿着古代服装的老者前来诉说，他便是白天采伐的这株楠树，当年燧人氏钻木取火的树种就是取自此树，至今在这株楠树上还留有燧人氏钻木取火时留下的灼痕。这则典故虽然是以神话传说的形式出现的，但是也证明了楠木在中国古代文明史上的重要地位。

四、楠木与清代的宫殿装修

在紫禁城内，楠木多用于帝王之家豪华的室内装修中，清代的皇宫及园林苑囿中使用了多种建筑材料，而这其中楠木是重要的建筑和装修材料。在紫禁城内的多处殿堂如乐寿堂、倦勤斋、养性斋、绛雪轩、漱芳斋、古华轩、毓庆宫等内廷建筑，都使用了楠木做装修。如位于紫禁城内御花园的养性斋，其内檐装修通体采用楠木制作。而乾隆花园古华轩的天花顶板，也是通体以楠木制成，位于故宫内廷外西路的寿康宫，主宫区呈南北方向的长方形式，由三进院落组成，乾隆帝即位后，决定将慈宁宫西侧外墙拆掉，为生母崇庆皇太后建造寿康宫。寿康宫于乾隆元年（公元 1736 年）十月二十四日建成，十一月五日，乾隆帝奉其母移居入宫，从此，寿康宫一区便成为老太后颐养天年之所。作为清代皇太后的居所，寿康宫的建筑完好无损，里面的内檐装修还保留着当时的原貌，是难得的中国古代后妃专门居住的大型宫殿建筑群，寿康宫后殿的内檐装修中楠木的使用率很高，如寿康宫后殿东西次间之间的纳纱雕花隔扇门，即采用楠木制作。清代皇子读书的毓庆宫内部，其隔扇门也用楠木制成，紫禁城内专供乾隆帝退位后休闲消遣听戏的倦勤斋内，其内的门套

和雕花门口、楼梯及扶手、栏杆以及倦勤斋戏台两边的仿竹栅栏全部用楠木制成。在紫禁城内的西六宫，慈禧太后居住

乾隆花园古华轩

古华轩楠木贴卷花卉天花

寿康宫后殿东次间楠木隔扇门

储秀宫正间宝座背后的万福万寿楠木裙板

的寝宫储秀宫，装修极为奢华，其中在正间后边的万寿万福裙板镶玻璃罩背，即采用了名贵的金丝楠木制作。

在清代皇家宫殿群中，宁寿宫一区的建筑较多采用了楠木装修，宁寿宫于康熙二十八年，在明代仁寿殿、哕鸾宫旧址上改建的，乾隆三十五年开始全面加以修葺，历时九年，到乾隆四十四年以全新面貌出现，并仍以“宁寿宫”这个名称。宁寿宫一区各宫室建筑的改建工程十分巨大，至乾隆四十年五月二十四日内务府大臣奏报了工程进展程度：“今据该管工监督呈报，所有原续估外，节次遵奉谕旨……景祺阁前院改墁冰纹石地面，并翠鬟山洞安门口，乐寿堂西山外添做点景楼一座。古华轩内添安楠、柏木天花。碧螺梅花亭内添安柏木、嵌紫檀木天花。符望阁南院内改墁冰纹石地面，并转角楼拆改装修。三友轩续添楠木包镶踏跺一座，书格下槛墙板一槽，紫檀木镶真假门口三座，方窗口一座，楠木镶方窗桶一座，配做楠木竹式床挂面一份……抑斋续添进深板墙一槽，楠木落地罩、床罩三槽。禊赏亭续添楠木条桌二张。遂初堂东配殿续添楠、柏木落地罩二槽，嵌扇一槽，线法壁子五槽。萃赏楼续添板墙一槽，楠木镶真假门口九座，紫檀木琴桌二张。转角楼续添花梨木阴纹罩二座，后檐方窗二座。玉粹轩添楠木佛座一道，方窗一座。符望阁续添紫檀木镶门口二十一座，门头花四块，券门楠木门头花八块，花梨木框几一张。竹香馆续添柏木板墙一槽，门桶罩二座，门楹一座。倦勤斋续添楠木镶门口十三座，圆光窗一俯，柏木镶门桶一座。”[5]从该奏折中可以看到，宁寿宫院内的许多建筑都采用了楠木装修，并配备了不少楠木家具。如三友轩的楠木踏跺及楠木方窗，禊赏亭内的楠木条桌，遂初堂的楠木落地罩，萃赏楼内的楠木镶门口，玉粹轩的楠木佛座、符望阁的楠木券门、倦勤斋的楠木镶门口等，可以说，楠木是清代宫廷室内装修的重要用材。

在皇家园林的建筑装修中，也广泛使用了楠木，据清宫档案记载：圆明园内的多个宫殿内部采用金丝楠木装修。“韶景轩茹古涵今殿五间，内西稍间添安进深楠木夹樘板一槽，楠木镶门口二座……楠木包镶面阔板墙一槽……安库贮紫檀方窗一扇，后面配做楠木窗心，安楠木挂面二分，楠木镶须弥座一分。”[6]“同乐园正楼下檐西次间后檐……安库贮楠木落地罩一槽。”[7]“水法十一间楼下檐北稍间楠木板墙一槽，改安铁框，楠木门口二座，镶楠木叠落线，门头上嵌楠木边线。”[8]

五、楠木与清宫家具制作

清代帝王实录、清代帝王所用的的册宝等，都要存放在楠木制的宝匣及箱柜中。据清代宫廷史料记载，存放皇帝生平事迹记录的重要文献“实录”的“实录柜”，就采用楠木制作。据《钦定大清会典·卷七十五·工部·器用》记载：“凡尊藏实录金柜，高四尺五寸，广四尺一寸，纵二尺二寸，楠木质，里以铜涂金琢云龙纹，内贮格四及里均糊以黄缯。”[9]又据《大清会典事例》卷九百四十记载：“康熙十一年奏准，每柜长四尺一寸五分，阔二尺二寸，高四尺五分，楠木制。外用铜镀金钑云龙文叶包镶。内用黄绫糊饰。”[10]实录为封建皇帝死后由继承帝位的儿子命史官编辑死去皇帝的生平事迹以告后世根据的材料，是前皇帝在位时所留下的有关政治活动的文书档案。其中包括诏令、奏议和每日记录皇帝活动的起居注，从中取材主要事迹，按年月排比成书，是我国编年体裁的史料书。由于是号称“据事直书，不加褒贬”，所以名为“实录”，是记载先帝生平事迹记录的重要文献。清代宫中把实录存放于楠木制成的实录金柜中，足见楠木在皇家心目中地位之高。另外在清代宫中，存放皇帝行使皇权的册宝、印章等，也都用楠木箱架存贮。据《钦定大清会典事例·卷九百五十三·工部》记载："储宝大箱，高一尺三寸，见方一尺二寸。钥匙匣一，高七寸，长一尺，阔五寸五分，均用楠木为之，沥粉云龙凤埽金　饰，里糊明黄绫。箱架二，各高二尺一寸，见方一尺八寸。楠木雕龙凤玲珑绦环牙板。"[11]《欽定大清会典·卷七十七·工部制造库》："凡制宝盝印盝，皇帝宝盝高九寸，方八寸五分，宝色池高三寸四分，方六寸四分，均金制，盝镂花草文，外椟高尺有三寸，方尺有二寸，椟架高二尺一寸，方尺有八寸，均楠木制。"[12]

金丝楠木也是清宫内府图书典籍不可或缺的重要装潢材料，成为传播中国文化典籍的重要载体，功不可没。

雍正帝的继位者乾隆皇帝，在位期间，讲究文治，开博学鸿词特科，招收文人学者，编写各种书籍，清代皇室由此大兴修书之风。为了体现皇家对典籍文化的重视，内府编辑付梓的图书大多配有名贵的木质书匣、书套、书衣，其中以金丝楠木制成的书板、书匣及书盒最为考究。如乾隆年间编纂而成的《四库全书》，自乾隆三十八年（公元 1773 年）开始编纂，至五十二年（公元 1787 年）缮写完成。共分 79070 卷，收书 3457 种，字数达 99700 万字，装为 3.6 万余册，6100 余函。据《蕉轩续录》卷一记载："四库书每部用香楠二片，上下荚之，红以绸带，外用香楠匣贮之。其书面皆用绢，经用黄，经解用绿，史用赤，子用蓝，集用灰色，所约带及匣上镌书名，悉从其色。"[13] 编纂的四库全书每部分别用四色丝绢装裱：经部书用绿色绢，史部书用红色绢，子部书用黄色绢，集部书用灰色绢，分别贮于金丝楠木匣中，再置于书架上，十分考究。

再值得一提的就是嘉庆年间，阮元耗费数十年时间，分三次进呈内府一百七十四种书，总称为《四库未收书》，进呈内府后，深得嘉庆帝重视，遂以传说夏禹藏置金简玉字书册之处的“宛委山”的涵义，又仿“天禄琳琅”“石渠宝笈”“秘殿珠琳”“西清古鉴”宫中藏重要物品都以四字之式为之，赐名为《宛委别藏》，并在各书首页钤盖“嘉庆御览之宝”朱文方印。各书装潢极为讲究，金丝楠木制匣，匣上刻《宛委别藏》四字，匣盖上刻所贮存的书名，并仿《四库全书》式，按经、史、子、集四部排架庋置在养心殿宝座后的书架上。嘉庆帝把用金丝楠木装潢的内府秘籍《宛委别藏》放在这样重要的地方，充分显示了他对此书的珍爱，真可谓“无处不闻楠木香”了。此外，乾隆内府盛放册页的书画盒也多有金丝楠木制成者，比如乾隆《御临赵孟頫杂画并书》册、乾隆《御临十七帖》册，外有金丝楠木插函，阴刻填绿隶书“几余洒翰”四字。

在清宫内务府造办处档案里，对宫廷内楠木家具的制作也有多处记载，为我们了解楠木家具在清代宫廷中的应用留下了翔实的资料。如清代雍正帝在位时，对于楠木家具的尺寸及制作格外重视，亲下谕旨详细指导内务府造办处制作楠木家具，如雍正三年十一月七日，太监刘玉交来衣架纸样一件，传旨：“照样做楠木衣架一件，高二尺五寸，宽三尺，上边横梁作圆的，两边立柱用木枨，中间横枨亦做圆的。两边托泥长一尺，厚二寸。下底要平，上面做磨楞，两边横枨做扁方的。钦此。”十一月二十八日做得。

又据清宫档案记载，雍正六年七月初五日，副总管太监苏培盛传旨：“乾清宫东暖阁楼上，着做楠木边书格六架，要安得五百二十套书，每架屉子上随纱帘一件。其帘照西暖阁内架上纱帘样做。钦此。员外郎唐贡量得书格，每架通高八尺四寸，宽五尺六寸五分，进深一尺六寸，每架书格做四屉，每屉高一尺七寸。”

楠木小床：雍八四月“木作”，四月十八日圆明园来帖内称本月十三日太监刘希文传旨万字房对响水玻璃窗外廊处着做图塞尔根根一张，后面安接楠木小床一张，长四尺六寸，宽三尺二寸六分，高一尺五寸合图塞尔根桌一般高随黄氆氇面月白云缎晨坐褥一件葛布单一块钦此。

楠木及紫檀琴桌：雍八各作成活计档“木作”记载这年九月“二十九日，圆明园来帖内称，八月十七日首领太监萨木哈来说首领太监刘玉传旨着做长二尺七寸五分、宽一尺二寸六分、高八寸一分楠木琴桌一张。

楠木桌及折叠桌尺寸：雍九十月十二日，为五月初一日内大臣海望宫殿监头领侍陈福副侍刘玉传做楠木桌一张，楠木折叠桌一张各长三尺一寸，宽二尺三寸，高二尺七寸记此。

楠木小条桌：雍九正月十一日，催总常保来说宫殿监督领侍陈福来说副侍刘玉传做楠木小条桌一张，长二尺六寸二分，宽一尺三寸，高三尺八寸。于二月十三日照尺寸做得楠木小条桌一张。

楠木供桌：雍十年七月十六日，据圆明园来帖内称，本日司库常保来说内大臣海望谕佛楼玉皇阁着做楠木供桌一张，在地坛内亦做楠木供桌一张，俱长五尺宽二尺高三尺遵此。

楠木匾额：乾六年二月库贮：第 23 页，十八日司库白世秀来说太监高玉等交松风月影楠木胎匾一面，百花亭楠木胎匾一面，乔松院楠木胎匾一面传旨着交造办处收贮钦此。

楠木画匣及数珠箱：乾隆六年十月二十三日，司库刘山久、白世秀来说首领开其里交楠木画匣一百零八个，楠木手卷匣十七个，传旨交造办处有用处用，钦此。二十三日司库刘山久白世秀来说太监高玉等交镀金十件楠木数珠箱一件，内盛各式数珠十四盘，传旨着箱内添做磁青折子一件上写名色钦此。于七年正月初五日司库刘山久白世秀将镀金十件楠木箱一件，数珠十四盘持进交太监高玉等呈进讫。

给御制墨配楠木箱：乾七年三月初五日，司库白世秀来说太监高玉交御制墨十盘（每盘计二十六锭），传旨着配做一楠木箱连盘盛装，随镀金面叶合页，倒环锁钥钦此。于十一月二十三日司库白世秀副催总达子将御制墨十盘每盘计二十六锭配做得楠木箱镀金饰件锁钥盛装持进交太监高玉呈进讫。

另外据内务府造办处档案记载，制作一件楠木器用所花费的银两价格不菲。主要是人工成本这块，先看看几则楠木家具制作的人工成本。乾隆六年九月初四日，“木作为做楠木琴匣二个用外雇木匠做十二工，每工银一钱五分四厘，五十八领银一两八钱四分八厘”[14]内务府造办处的“木作”为制作二个楠木琴匣，要专门从外面请来工匠制作，人工成本费要一两八钱四分八厘。

而另外五件楠木香几所耗费的人工成本费用更高，要支付人工成本费用五十三两之多。乾隆六年十二月初七日，“木作为做楠木香几五件，外雇雕匠等做过三百四十八工，每工银一钱五分四厘，五十八领银五十三两五钱九分二厘。”[15]

而这五件楠木香几所需要的材料成本是多少呢？据乾隆六年十二月份买办用票记载：“做楠木香几五件买鱼鳔三斤，银四钱二分，黄蜡二斤四两，银三钱六分，锉草二斤四两，银一钱三分五厘。”[16]这里面的材料成本并没有把楠木包括进去，所需的鱼鳔、黄蜡、锉草等原材料成本加起来没有超过一两银子，明显比人工成本低很多。

在现今存世的清代宫廷楠木家具中，有一件康熙帝专门用于学习西洋数学运算方法的算术桌，就是用楠木制作而成。这件算术桌长 96 厘米，宽 64 厘米，高 32 厘米。桌子作成炕桌式样，设计精巧，桌子中间为正方形银板，用于绘图书写。左、右两边长方形银板上刻画着许多表格和图形。左边银板的一端刻有以 10 条横线和斜线组成的精确到千分之一的分厘尺，在银板的中央刻有 5 条射线，标以“开平方”及“求圆半径”字样，两侧分别为相比例面表与开平方面表，还有以 10 条横线和斜线组成的“分厘尺寸”的分厘尺。右边银板的一端亦刻有以 10 条横线和斜线组成的精确到千分之一的分厘尺，尺上方刻有 5 条射线，射线的另一端刻有“开立方”及“求球半径”“又测米堆”的字样，两侧分别是相比例体表与开立方体表。

这张炕桌为清宫内务府造办处制造。桌面上的正中银板可以掀开，桌内有可存放计算和绘图工具的各式格子七个，桌子牙板为直牙条，牙子上铲地浮雕夔龙拐子纹，四条腿足

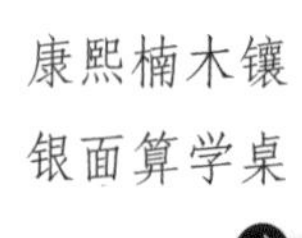
康熙楠木镶银面算学桌

直下，足端雕成内翻马蹄足，是康熙帝晚年读书和学习西洋运算的专用炕桌。

六、楠木家具与宫殿苑囿陈设

1. 金漆龙纹楠木家具是中轴线上主殿重要陈设家具

在清代的宫殿中，楠木家具在宫殿内部的家具陈设中占有着重要的地位。清代宫殿建筑分为外朝和内廷两部分。紫禁城的外朝部分，是清代帝王举办政务、举行朝会的场所。以坐落在紫禁城中轴线上的三大殿和左辅右弼的文华、武英殿为主体，再包括沿墙南缘的办事机构内阁以及档案馆、銮仪卫等大库。而其中三大殿——太和殿、中和殿、保和殿，占据了紫禁城中最主要的空间，在建筑设计和殿内陈设布局上，以其宏伟的规模、威严的气势取胜。在紫禁城的外朝正中线的宫殿太和殿、中和殿、保和殿里面的宝座，全部以楠木为胎、罩以金漆，髹饰龙纹。这种金漆龙纹宝座是最高等级的宝座，只能摆在紫禁城内的中轴线的上宫殿内。如在太和殿内的宝座即金漆龙纹楠木宝座高踞在七层台阶的座基上，宝座通高 172.5 厘米，座高 49 厘米，座宽 158.5 厘米，座前脚踏高 30 厘米，宝座有一个“圈椅”式的椅背，由金丝楠木制成，上面雕有形象生动的蟠龙，从中间向两侧扶手处逐渐走低，而靠背背板平雕着阳文云龙。整个宝座从上到下每层都有相应的装饰纹样，共有 13 条金龙盘绕宝座后面背倚雕龙髹漆屏风，宝座左右两侧陈设有太平有象高香几、用端香几，宝座前面丹陛的左右还有四个香几，香几上有三足香炉。当皇帝升殿时，炉内焚起檀香，香筒内插藏香，于是金銮殿内香烟缭绕，颇显肃穆凝重。

太和殿宝座

太和殿内景

乾清宫内景

而在清宫内廷中，位于中轴线上的乾清宫正间的陈设与太和殿陈设格局基本一致。但乾清宫是皇帝处理政务和群臣上朝议事的场所，除了屏风、宝座、香亭外，根据实际需要，在宝座前又增加了御案。乾清宫地平上正中陈设有楠木胎金漆雕云龙纹宝座，后有金漆雕云龙纹五扇式屏风。两侧陈设甪端、仙鹤烛台、垂恩香筒等，宝座前有批览奏折的御案，这一组陈设全部坐落在三层高台上。

据道光十五年（公元 1835 年）乾清宫陈设档记载：在乾清宫明殿正间陈设相当丰富，其中最主要的景观就是金漆楠木屏风宝座，乾清宫的地平上陈设有“金漆五屏风九龙宝座一分，上设有：紫檀木嵌玉三块如意一柄，红雕漆痰盆一件，玻璃四方容镜一面。”为了衬托这除地平上的楠木胎金漆五屏风宝座的威严与庄重，还在宝座左右安放有“铜掐丝珐琅甪端一对，铜掐丝珐琅圆火盆一对，紫檀大案一对，天球地球一对，铜掐丝珐琅鱼缸一对，铜掐丝珐琅满堂红戳灯一对。”[17] 此外，乾清宫内还陈设有引见楠木宝座一张，在这张楠木宝座上陈设有：红雕漆痰盆一件，玻璃四方容镜一面，青玉靶回子刀一把。

而乾清宫东暖阁则为皇帝召见臣工的办事处所，作为皇帝召见臣工接受朝贺的这座宫殿里，楠木家具成为不可缺少的重要陈设。乾清宫东暖阁楼下的抑斋内的落地罩上设有一张楠木包镶的宝座床，床上设有：红雕漆痰盒一件，青玉靶回子刀等陈设品。

以上乾清宫明殿是清代皇帝升座引见官员以及内廷朝贺、筵宴的处所。东暖阁则为皇帝召见臣工的办事处所，里面陈设则较为随意，东暖阁没有正殿的那种象征皇权威仪的金漆宝座屏风及甪端、仙鹤烛台、垂恩香筒等，而是一些摆放文玩玉器漆盒的桌子及生活气息很浓的楠木包镶宝座等家具。

清代紫禁城里中轴线一带的主要建筑从外朝太和殿、中和殿、保和殿以及内廷的乾清宫、坤宁宫里均陈设有楠木罩金漆家具及楠木家具。坤宁宫是北京故宫内廷后三宫之一，坤宁宫在交泰殿后面，始建于明朝永乐十八年（公元1420年），正德九年（公元1514年）、万历二十四年（公元1596年）两次毁于火，万历三十三年（公元1605年）重建。清沿明制于顺治二年（公元1645年）重修，十二年（公元1655年）仿盛京沈阳清宁宫再次重修。嘉庆二年（公元1797年）乾清宫失火，延烧此殿前檐，三年（公元1798年）重修。乾清宫代表阳性，坤宁宫代表阴性，以表示阴阳结合，天地合璧之意。以后坤宁宫正间成为清宫进行萨满祭祀的场所。而东暖阁则成为清帝大婚的洞房。

道光十五年陈设档记载，在坤宁宫东暖阁里有楠木案、楠木香几等家具。坤宁宫东暖阁里陈设着豆瓣楠木案一张，上面陈设：敬胜斋法帖肆套計四十册，墨刻，冬青釉拱花八挂炉一……楠木香几一对，左边上设：掐丝珐琅炉瓶三式壹分。右边楠木香几上设：红花白地冠架瓶壹件……楠木案一张，上设青花白地宝月瓶壹件，紫檀木座。周季兽尊壹件，紫檀木座。漢玉璧壹件，紫檀木座。周妇鼎壹件，紫檀木盖座玉顶。填白磁拱花梅瓶壹件，紫檀木座。每匣六屜装古銅图章共计一千二百九十二方。[18]

2. 楠木家具是寝宫便殿、宫廷苑囿不可或缺的重要点缀

楠木除了陈设在紫禁城中轴线上的主要宫殿外，还遍布在紫禁城的东西六宫、内廷苑囿、礼神敬佛的佛堂等处。如储秀宫、敬胜斋、绮望轩、毓庆宫、崇敬殿、中正殿等处。

储秀宫是明清两代后妃居住的地方。咸丰二年（公元1852年）慈禧刚进宫被封为兰贵人时，曾在这里居住。咸丰六年三月升为懿嫔的慈禧，在这里生下同治皇帝。光绪十年（公元1884年）已居长春宫的慈禧太后，为庆祝五十岁生日，移居此宫，并重修宫室，耗费白银六十三万两。据乾隆二十一年储秀宫陈设档记载：储秀宫后殿明间，北边设楠木格一对，格上设：水仙花玻璃盆景一件，油珀水盛一件，附洋漆座，铜掐丝珐琅梅瓶一件，水晶笔山一件，宜兴挂釉瓷瓶一件，宣窑青花白地单耳花浇一件，蓝五彩玻璃瓶一对。

紫禁城西路的敬胜斋，为清帝休憩的便殿，敬胜斋外观九间，内分为东西两部分，东五间与延春阁正对，两侧接游廊与阁相连。室内阁上有匾曰“旰食宵衣”，这是对帝王废寝忘食，勤于政事的赞誉。斋西四间偏于花园的西北角，为乾隆八年西墙西移后所添建。乾隆帝在在建福宫赋上提到“构建福宫、敬胜斋等处，以为几余游憩之地。”在敬胜斋的西次间，陈设有“楠木描金宝座椅子足踏一分，上设：紫檀木嵌玉如意一柄，官窑莲瓣木漆盘一件。”[19]

清代宫殿苑囿的内部，金丝楠木家具成为重要的室内陈设家具。今天北海公园内的仿膳饭馆，原址是清代是皇家苑囿西苑的漪澜堂，而当年这个漪澜堂最大的特色便是它的内部各个开间，都陈设有楠木宝座床。据清宫档案记载：漪澜堂 “北明间北面设：楠木包镶床一张，上铺红白毡二块，红猩猩毡一块，紫檀如意一柄。玻璃容镜一份，黄缎堆花坐褥一份。东次间面西设：楠木包镶床一张。（上面铺陈与北间相同）东里间面东设：楠木包镶床一张。（上面铺陈同前）西里间面东设：楠木包镶床一张。（上面铺陈同前）西里间面南设：楠木包镶床一张。（上面铺陈同前）”[20]

据嘉庆二十四年宫中的陈设档记载：在颐和园万寿山后山的绮望轩里就陈设有多件楠木家具：绮望轩面北安“楠柏木包镶床三张，靠西墙安：楠木几腿案一张，（在这件楠木几腿案上）陈设：官釉天盘口起线纸捶瓶一件，铜掐丝珐琅象足鼎一件，青绿蕉叶花觚一件……靠东西墙安：楠木小炕案一对。”[21]

在清代宫中皇子按受启蒙教育的毓庆宫建筑一区中，也配备有楠木家具，在其正殿惇本殿里，陈设有一件体形高大的楠木雕龙顶竖柜，据光绪二年的宫中陈设档记载，这件楠木顶箱竖柜里存有：

“紫檀木嵌银片字长方罩盖匣一件，内盛：御笔佛说阿弥陀经一册。雕紫檀木方匣一件，内盛：御笔诗扇十柄。紫檀木罩盖匣一件，内盛：御笔手卷四卷。紫檀木长方匣二件，内各盛：御笔字诗扇一柄。御笔字紫檀木边绛丝对一副，紫檀木边漆心镶嵌挂屏一对，漆上刻御笔字。紫檀木边嵌牙罗汉铜福寿银母诗意挂屏一对，上嵌御笔字。紫檀木边铜掐丝珐琅插屏一对，背后刻：御笔字诗意。紫檀镶嵌文具一对，内各盛：御笔手卷三卷，御笔册页三册。紫檀木镶嵌葫芦一件，玉图章九方，楠木匣一件（内盛石砚一方）。御笔紫檀木边绛丝一副。雕紫檀木镶嵌八角盒四件，每件内盛：御笔字册页三册。紫檀木嵌玉葵瓣盒一件，内盛：御笔字册页二册。紫檀木嵌银片字图盒一件，内盛：御笔字册页二册，白玉十二辰。紫檀木嵌一块玉长方罩盖匣一件，内盛帝学书一套。压岁小荷包五十九个。雕紫檀木罩盖匣一对，（内各盛：御笔字诗扇十柄）雕紫檀木长方罩盖匣一件，内盛：御笔字诗扇四十柄。紫檀木边黑漆心八角罩盖盒一件，内盛：御笔字诗扇四十一柄。紫檀木罩盖匣一对，内各盛：御笔册页各五册，御笔挂轴一轴，玉轴头。紫檀木长方匣一件，内盛：御笔字扇二柄。紫檀木罩盖匣一件，内盛：御制千叟宴诗一册。仁宗睿皇帝御笔字册页一册。”从上述这件档案记载可知，这件楠木大柜里存放了许多重要的典籍图册、文玩雅器，足见其在清代家居陈设中的重要地位。

3. 楠木家具与清宫佛堂陈设

在紫禁城的一些佛堂里，楠木家具更成为佛堂里不可缺少的家具陈设。入清以后，清帝充分了解藏传佛教在蒙藏地区的重要影响，把“兴黄安蒙”作为巩固蒙藏边疆的重要国策贯彻始终。乾隆帝在《御制喇嘛说》中曾这样分析：藏传佛教与蒙藏民族的关系“盖中外黄教总司以此二人（指达赖、班禅额尔德尼），各蒙古一心归之，兴黄教，即所以安众蒙古，所系非小，故不可不保护之，而非若元朝之曲庇谄敬番僧也。”

尊崇达赖、班禅、章嘉、哲布尊丹巴等黄教领袖，给予崇高的地位。清代达赖、班禅三次到北京朝觐：顺治九年（公元1652年）五世达赖，乾隆四十五年（公元1780年）六世班禅，光绪三十四年（公元1908年）十三世达赖，均受到皇帝的隆重接待。时间恰好在清朝的早、中、晚三个时期，他们的造访在宫廷中留下了印记。随着西藏与中央关系的不断加强，联系更加紧密，藏传佛教也逐渐成为清代皇室的宗教信仰。清代帝王为了表达自己礼佛敬佛的诚意，在紫禁城内兴建了大量的佛堂，而佛堂里供佛的家具均为楠木制作。据光绪二年崇敬殿东西佛堂的陈设档里就记载，崇敬殿东西佛堂里陈设有大量的楠木金漆家具及楠木本色家具。据记载："光绪二年二月二十日起，陆续查得崇敬殿东佛堂：楠木金漆闹龙大龛一座（内供铜胎无量寿佛一尊，铜胎尊胜佛一尊，铜珐琅七珍一分，铜珐琅瓶一对，银珐琅八宝一分，白玻璃海灯一件，青花白地靶碗一对，银珐琅五供一分）楠木金漆闹龙龛一座……楠木金漆小案一张（上设玻璃八棱瓶一对，银珐琅五供一分，高丽木座铜灵芝二枝，共重五百十两），楠木金漆闹龙龛一座（内挂万佛像一轴），楠木金漆小案一张（上设亮玻璃八楞瓶一对，银珐琅五供一分，高丽木座，铜灵芝地二枝，共重二百五十五两"）。在崇敬殿西佛堂里陈设里，也陈设有楠木佛龛及楠木案，崇敬殿西佛堂现陈设："楠木金漆闹龙大龛（紫檀木玻璃欢门内供，金装珊瑚阿弥陀佛一尊），楠木金漆大案一张，上设：银珐琅七珍一分，瓷花瓶一对，银珐琅八宝一分，玻璃海灯一件，青花白地瓷把碗一对，银珐琅五供一分，高丽木座，铜灵芝二枝，共重五百十八两），楠木金漆小案一张，上设：银珐琅五供一分，铜灵芝二枝，共重二百五十八两）"[22]

中正殿位于紫禁城内西北隅建福宫花园南，主供无量寿佛。清代这里是清宫最早的佛堂之一，大量西藏和蒙古地区来的佛像、绘画都供奉在这里。康熙三十六年（公元1697年）设“中正殿念经处”，掌管宫中藏传佛教佛堂的一切佛事活动以及藏传佛教的铸造、绘画佛像等宗教艺术活动。1923年6月26日夜建福宫一把大火，把整个建福宫一区焚烧殆尽，殃及该殿，今仅存遗址。但是我们仍能从清代遗留下来的中正殿陈设档中看到当年这里的陈设状况。据嘉庆年间的中正殿陈设档记载，在中正殿明间，陈设有多件楠木家具。“楠木屏（风）二座，内供琍玛无量寿佛二尊，四臂观音菩萨一尊，琍玛摧碎金刚一尊，琍玛白伞盖一尊。楠木香几一件，金曼达一个，上嵌正珠三十九颗，碎小珠十七颗，松石二十五块，青金石十九块，红白玻璃二块共重八十八两。”[23]

在等级森严的封建社会，普通百姓家根本就用不起楠木，而在清代，天子脚下的北京城，楠木只能由皇家专用，文武官员禁止使用，违者治罪。《清史稿》卷三一九，列传一零六，和申所列的二十项大罪中，其中就有僭制建造楠木房屋，“所钞家产，楠木房屋僭侈逾制，仿照宁寿宫制度，园寓点缀与圆明园蓬岛、瑶台无异，大罪十三。”另外在《大清宣宗实录》卷三百二十九记载内务府大臣庆玉家里因使用楠木而治罪。道光十九年十二月甲戌：“又谕、琦琛奏查抄庆玉家产一摺。据奏庆玉家中。有白玉台阶。装修多系楠木。屋内有行宫陈设字画。并更衣殿陈设。所盖房间。颇似行宫款式。

综上所述可知，楠木在清代宫中的应用主要有以下几个方面：清代宫廷的苑囿装修中，多有楠木作建筑装修材料者，而作为家具器用，楠木更是无处不在，清宫内务府造办处为皇室生产了大量的楠木家具，这些家具，配置在宫内各殿中，成为重要的陈设家具。无论是前朝三大殿明间的楠木金漆宝座屏风，还是后寝宫殿里的楠木箱柜香几以及宗教殿堂里楠木佛龛，楠木家具器用所占的数量很多，而清代帝王行使皇权的玺印、记录帝王日常起居生活的实录也多装在楠木囊匣中，可见楠木在封建帝王家居中占有着的重要地位。

七、楠木的养生保健作用

楠木除了用作家具之外，它还有一个功能，就是楠木本身也可入药，与中国古代养生保健关系至为密切。由于学科限制等因素，在中国古典家具界中，对楠木入药的研究论述相对较少，而中医界对于楠木的药用功能也并无过多关注，实际上在中国古代的医书中有不少关于楠木入药的记载，这些记载大大丰富了楠木的使用范围，使楠木从只是家具建筑原材料的单一功能发展成为祛疾除患的养生保健良方。楠木既可以与其他中药配伍，又可单独作为一味独立的药材使用，是博大精深的中医药宝库中不可或缺的重要组成部分。现在笔者把楠木的药用功能论述如下。

楠木用于治疗霍乱：北宋医家唐慎微所著的《证类本草》卷十三中记载“楠木枝叶味苦温，无毒，主霍乱，煎汁服之，木高大叶如桑，出南方山中。郭注尔雅云，楠，大木，叶如桑也。”霍乱是以起病急骤，猝然发作，上吐下泻或不痛的疾病。因病变起于顷刻之间，挥霍挠乱，故名霍乱。本病多发生于夏秋季节，患者又大多有贪凉和进食腐馊食物等情况，故认为主要由于感受暑湿、寒湿秽浊之气及饮食不洁所致。以楠木枝叶煎汤汁服用，可以治疗霍乱。

在北宋医书《小儿卫生总微论方》卷十里，记载楠木入药治疗小儿胃病："楠皮汤，治胃冷吐逆正气，右以楠木皮煎汤汁服之。"[24]

在北宋官修方书《太平圣惠方》里记载了楠木治疗聤耳出脓水的症状。《太平圣惠方》简称《圣惠方》，系北宋翰林医官院王怀隐等人在广泛收集民间效方的基础上，吸收了北宋以前的各种方书的有关内容集体编写而成。王怀隐，河南商丘人，初为道士，精医药，住京城建隆观，太宗即位前，怀隐以汤剂治疗之。太平兴国（公元976年）初，奉宋太宗诏还俗，充任尚药奉御，为皇室医药保健服务，后晋升为翰林医官使。太平兴国三年（公元978年）吴越王遣子钱惟浚入朝，生病，王怀隐奉昭治疗而愈。同年，奉命与翰林医官院副使王佑、郑奇和医官陈昭遇等，共同编纂《太平圣惠方》。全书共1670门，方16834首。广泛搜集了宋以前方书及当时民间验方，内容颇为丰富。包括脉法、处方用药、五脏病症、内、外、骨伤、金创、胎产、妇、儿、丹药、食治、补益、针灸等，每一病证，冠以隋代巢元方《诸病源候论》有关论述。1046年，经何希彭选其精要，辑为《圣惠选方》作为教本，应用了数百年，对后世方剂学有较大影响。[25]

该书卷第三十六对于楠木治疗耳疾有着明确记载："治聤耳出脓水久不绝方：楠木一分烧灰花燕脂一分，右二件药细研为散，每取少许，内于耳中。"该书所记"聤耳出脓水"的症状即今天医学界所说的化脓性中耳炎，圣惠方里用楠木及花燕脂共同配伍，外用治疗中耳炎，效果显著。

在明代，有一部著名的医书《普济方》，它是由明太祖第五子周定王朱橚、滕硕、刘醇等编，刊于十五世纪初，是明初编修的一部大型医学方书。书中广泛辑集明以前的医籍和其他有关著作分类整理而成。原书今仅存残本，清初编《四库全书》时将本书改编四百二十六卷。其中有方脉总论、运气、脏腑（包括脏象及脏腑诸病候）、身形（包括头、面、耳等部位所属及身形诸病）、诸疾（包括伤寒、杂病、疮疡、外科、骨科以及各种治法）、妇人（包括妇、产科）、婴儿、针灸、本草等共100余门。据《四库提要》记载："凡一千九百六十论，二千一百七十五类，七百七十八法，六万一千七百三十九方，二百三十九图。"对于所述病证均有论有方，资料非常宏富。所涉范围广泛，叙述系统完善。在这本书里，对楠木的药用功能也进行了详细的记载：

《普济方》卷二百一"霍乱门"记载楠木可以用于治疗霍乱："主霍乱……以楠木枝叶。煎汁服之。"[26]

又该书《普济方》卷二百三"霍乱门"，记载楠木治疗霍乱引起的霍乱转筋："治霍乱转筋，用楠木皮。煎汤洗之。"[27]霍乱转筋是一种上吐下泻，失水过多，以致两小腹腓肠肌痉击，不能伸直的症状，医学上称之为霍乱转筋。楠木皮煎汤外用，对于由于霍乱引起的外科症状疗效明显。

《普济方》卷二百四十六"脚气门"记载楠木与其他药配伍使用，治疗脚气："又方，治脚气肿满大效。……又方，樟木三斤，楠木二斤右件药细锉和匀。每度用半斤。以水三斗。煎至二斗。去滓看冷暖。于避风处淋蘸。"[28]古代中医认为脚气又称脚弱。它是因外感湿邪风毒，或饮食厚味所伤，积湿生热，流注腿脚而致病。脚气的症状先见腿脚麻木，酸痛，软弱无力，或挛急，或肿胀，或萎枯，或发热，进而入腹攻心，小腹不仁，呕吐不食，心悸，胸闷，气喘，神志恍惚，语言错乱等。治宜宣壅逐湿为主，或兼祛风清热，调血行气等法。而樟木与楠木配伍使用，外用于脚气病症引发的水肿部位，效果极佳。

下面笔者综合医书所载，把楠木的药用作用做出如下表格：

表 7　楠木药用作用表

引书	时代	主治疾病	使用方法
证类本草	北宋	霍乱	煎汁口服
小儿卫生总微论方	北宋	胃冷吐逆正气	口服，楠木皮煎汤服之
太平圣惠方	北方	聤耳出脓水（中耳炎）	外用，与其他药配伍使用，研为散，取少许，放入耳中
普济方	明	霍乱	口服，楠木枝叶，煎汤服之
		霍乱转筋	外用，楠木皮，煎汤洗之。
		脚气肿满	外用，与樟木合用，细锉和匀，于避风处淋蘸。

综合上述表格，楠木入药，大致可以治疗以下几种疾病：霍乱、胃病、聤耳出脓水（中耳炎）、脚气、霍乱转筋等病症，疗效范围从传染性疾病、内科疾病到皮科疾病，都有应用。

[1]（元）陶宗仪 . 南村辍耕录：卷二十一 [Z]. 北京：中华书局出版社，1959（2）.

[2] 云南省盐津县县志编纂委员会 . 盐津县志 [Z]. 昆明：云南人民出版社，1994：492.

[3]（清）贺长龄 . 皇朝经世文编：卷九十五 [Z] . 道光七年刊本 . 艺芸书局珍藏 .

[4]（清）张廷玉 . 皇朝文献通考：卷三十二 [Z] . 乾隆五十二年刊本 .

[5] 许以林 . 宁寿宫的花园亭院 [J]. 故宫博物院院刊，1987 （1）.

[6] 中国第一历史档案馆 . 清代档案史料——圆明园 [Z]. 上海 : 上海古籍出版，1991: 213.

[7] 中国第一历史档案馆 . 清代档案史料——圆明园 [Z]]. 上海 : 上海古籍出版，1991: 216.

[8] 中国第一历史档案馆 . 清代档案史料——圆明园 [Z]. 上海 : 上海古籍出版，1991: 221.

[9] 钦定大清会典：卷七十五 [Z] . 光绪二十五年刊本 . 国家法院博物馆珍藏 .

[10] 钦定大清会典事例：卷九百四十三 [Z]. 清光绪三十四年商务印书馆石印本 .

[11] 钦定大清会典事例：卷九百五十三 [Z] . 清光绪三十四年商务印书馆石印本 .

[12] 钦定大清会典：卷七十七 [Z]. 光绪二十五年刊本 . 国家法院博物馆珍藏 .

[13]（清）方濬师 . 蕉轩随录 • 续录 [Z]. 北京：中华书局出版社，1997（12）：542 页 .

[14] 中国第一历史档案馆，香港中文大学文物馆 . 清宫内务府造办处档案总汇：第十册 [Z] . 北京：北京出版社，2005（11）：404.

[15] 中国第一历史档案馆，香港中文大学文物馆 . 清宫内务府造办处档案总汇：第十册 [Z]. 北京：北京出版社，2005（11）：428.

[16] 中国第一历史档案馆，香港中文大学文物馆 . 清宫内务府造办处档案总汇：第十册 [Z] . 北京：北京出版社，2005（11）：443.

[17] 乾清宫明殿现陈设档案 [Z] . 道光十五年七月十一日立 . 故宫博物院珍藏 .

[18] 坤宁宫东暖阁陈设档案 [Z] . 道光十五年七月十一日立 . 故宫博物院珍藏 .

[19] 敬胜斋现陈设档 [Z] . 道光十九年六月立 . 故宫博物院珍藏 .

[20] 朱家溍 . 明清室内陈设 [M] . 北京：紫禁城出版社，2004（12）.

[21] 宫外陈设 [Z] . 嘉庆二十四年钞本 . 故宫博物院珍藏 .

[22] 崇敬殿东西佛堂并现设陈设 [Z] . 光绪二年立 . 故宫博物院珍藏 .

[23] 中正殿目录 [Z] . 嘉庆年钞本 . 故宫博物院珍藏 .

[24]（清）永瑢，纪昀 . 文渊阁四库全书 • 子部 • 医家类 • 四十七：小儿卫总微论方 [Z] . 台北：台湾商务印书馆，1998: 185.

[25] 甄志亚 . 中国医学史 [M]. 上海 : 上海科学技术出版社，1984：61.

[26]（清）永瑢，纪昀 . 文渊阁四库全书 • 子部 • 医家类 • 五九 • 普济方 [Z] . 台北：台湾商务印书馆，1998: 753.

[27]（清）永瑢，纪昀 . 文渊阁四库全书 • 子部 • 医家类 • 五九 • 普济方 [Z] . 台北：台湾商务印书馆，1998: 753.

[28]（清）永瑢，纪昀 . 文渊阁四库全书 • 子部 • 医家类 • 五九 • 普济方 [Z] . 台北：台湾商务印书馆，1998: 183.

海梅木与清宫红木家具

在中国家具史上，红木进入人们的视野要晚于紫檀、黄花梨等木材。清代中叶以后，由于优质木材的来源日益匮乏，一种从南洋地区进口的新的木材品种——红木出现了。从传世的家具及档案记载看，乾隆以前几乎看不到红木家具的记载，红木是在紫檀花梨木濒临告罄后，作为替代品由南洋进口的，红木又别名：紫榆、海梅木等。《古玩指南》介绍红木说："凡木之红色者，均可谓之红木。惟世俗所谓红木者，乃系木之一种。专名词非指红木也。"而在明代黄省曾《西洋朝贡典略》、张燮《东西洋考》、谢在杭《五杂俎》，清代谷应泰《博物要览》，现代陈寿彭《南洋与南洋群岛志略》等书中，记载木材种类颇多，却未见"红木"专用名词。只在《东西洋考》中苏木条下引《一统志》曰：一名"多那"，俗名"红木"。《植物名实图考》介绍苏木说："苏方木，植物名，豆科，常绿乔木，东印度原产，高五尺许，茎有刺，羽状复叶，由多数小叶而成。小叶略带革质。花黄色颇美。茎干去皮煎液，可为红色染料。"红木属豆科，紫檀属，有人亦称其为红檀、黄檀、黑黄檀。红木分布于热带及亚热带地区，主要产地为印度、泰国、缅甸、越南、柬埔寨、老挝等地。

一、清宫造办处与红木家具的制作

作为传统家具用材中异军突起的新秀，红木家具何时在清代宫廷出现的呢？据笔者考证，红木家具在清宫中出现是在乾隆以后，从内务府造办处档案记载来看，早在乾隆二十几年，内务府造办处活计档里记载了不少关于宫廷红木家具的记载：

乾隆二十年四月造办处“油木作”记载：“四月二十四日员外郎五德、库掌大达色、催长金江来舒兴来说太监鄂鲁里传旨：宁寿宫寿堂现设自鸣钟一对，添配香几钦此。于五月初三日为宁寿宫寿堂现设自鸣钟一对，添配红木香几，画得纸样一张，呈览奉旨，准样照做，钦此。”

乾隆二十四年五月“油木作”记载：“五月初四日员外郎五德、库掌大达色、催长金江舒兴来说太监常宁传旨，方壶胜境现供龛下添配红木供柜五件，垫墩八件，垫起，钦此。”

还是乾隆二十四年这年的造办处“油木作”七月份的档案里记载，“七月二十四日，员外郎五德、库掌大达色、催长金江来说太监常宁传旨，花神庙现设铜鹤鼎一对，添配香几钦此。于二十八日为花神庙现设铜鹤鼎一对添配香几，画得见方一尺五寸，高二尺二寸纸样一张，呈览奉旨，照样准用红木成做钦此。于十月十二日将做得花神庙铜鹤鼎一对，配得红木香几持赴花神庙安讫。”

以上是乾隆二十几年的内务府造办处的档案，从上述档案可以看出，当时红木家具占的比重相对较小，主要用于制作香几、供柜等家具，这一时期紫檀家具还在宫廷中占据着主导地位。值得一提的是，在清宫内务府造办处陈设库贮里，红木家具的原料并不是称为“红木”，制成的家具成品才称为红木，那么清宫红木家具的原材料称什么呢，从清宫档案可以发现，在乾隆年以后，一种新的木料进入了清宫，这种木料称为“海梅木”，如乾隆四十一年内务府造办处的“陈设库贮”对当年旧存的红木家具及海梅木有详细的记载。

乾隆四十一年：

“旧存：红木如意托三件；红木匣板十二块（重十斤）；红木匣板七百八十九块；红木扇面式盒一件；红木屉三件；海梅木三万八千一百九十五斤。

新收：乌木镶花梨木心小香几一件；红木罩盖方盒十件；红木香几一件；

下存：海梅木三万八千一百九十五斤。”

再看一看乾隆四十三年、四十四年陈设库贮里的记载：

乾隆四十三年：

“旧存：海梅木三万八千零八十九斤十四两四钱。

新收：海梅木两千九百六十三斤。”

乾隆四十四年：

“旧存：海梅木四万一千零五十二斤。

新收：红木香几八件；红木商丝一面玻璃罩盖匣拆料一件；红木五面玻璃罩拆料五件。

实用：海梅木两千六百三十七斤八两。

下存：海梅木三万八千四百一十五斤二两四钱。”

到了乾隆五十年以后，内务府造办处存贮的海梅木的数量比起乾隆四十几年又成倍增长，乾隆五十三年内务府造办处收贮物料清册记载，这一年旧存海梅木八万二千四百五十一斤二两四钱，比起乾隆四十三年旧存海梅木四万一千五十二斤的数量增长了一倍。

为了更直观地体现乾隆年间宫廷红木的使用情况，现在笔者把乾隆四十一年、四十三年、四十四年、五十三年四个年份的海梅木贮量作成表格，以求一目了然。

表 8　乾隆年间清宫红木库存表

年份	旧存	新进	实用	下存（尚存）	资料来源
乾隆四十一年	38195 斤				《造办处行取清册》
乾隆四十三年	38089 斤	2963 斤			《造办处行取清册》
乾隆四十四年	41052 斤		2637 斤 8 两	38415 斤 2 两 4 钱	《造办处行取清册》
乾隆五十三年	82905 斤 14 两 4 钱	1374 斤 11 两 2 钱			《造办处收贮物料清册》

从上述表格可以看出，乾隆四十年以后，海梅木大量进入清代宫廷，仅乾隆四十三年内务府造办处就收贮了四万一千零五十二斤海梅木，而乾隆五十三年收贮的海梅木比起乾隆四十三年更是增加了一倍，高达八万余斤，这批为数可观的海梅木成为乾隆后期宫廷家具制作的重要原料。

此外，成书于乾隆时期的李斗所著的笔记《扬州画舫录》里也提到了这种木材，如该书卷十七中关于建筑及家具材料时，出现了“海梅”的记载：“工段营造录：雕銮匠之职……此外包镶匠。别楠、柏、紫檀、海梅、花梨、铁梨、黄杨。木植以折见方计工。”

对于海梅木这种木材，民间一般有几种说法，有的认为海梅木生长于热带地区的高温水域的海底，有的认为是老紫檀木，还有一种说法认为是老红木，而综合清宫内务府档案来看，内务府所存海梅木其实就是清宫红木家具的原材料，内务府造办处活计档里，有这样几条档案引起笔者的注意。据乾隆五十三年“造办处收贮物料清册”记载：

该年年初“旧存：海梅木八万二千九百五斤十四两四钱。实用：红木一千三百七十四斤十一两二钱。”

到了乾隆五十三年年底：“下存：海梅木八万一千七十六

斤七两二钱。”

从上述记载分析而知，乾隆五十三年年初时旧存海梅木八万二千九百五斤十四两四钱，实用红木一千三百七十四斤十一两二钱，到了年底统计，而剩下的海梅木的数量是八万一千七十六斤七两二钱，正好是八万二千九百五斤十四两四钱海梅木减去实用的一千三百七十四斤十一两二钱红木后所得的数值。

再来看看乾隆五十五年造办处行取物料清册所记载的海梅木使用情况的数值，该年“旧存：海梅木八万八百七斤二钱。实用：红木一千四百七十八斤。变价：回残碎小红木二千一百九十七斤十五两。下存：海梅木七万七千一百三十一斤二钱。”

乾隆五十五年年初统计的内务府造办处行取物料清册里记载当年旧存海梅木八万八百七斤二钱，这一年又用去红木“一千四百七十八斤”，同时把一些细碎的小红木碎块拿出宫去变卖，这批碎小红木的数量是“回残碎小红木二千一百九十七斤十五两”，这样一来，当年年底统计的剩下的海梅木是七万七千一百三十一斤二钱，与八万八百七斤二钱海梅木减去实用的一千四百七十八斤红木和变卖出去的碎小红木二千一百九十七斤十五两后所得的数值是一致的。

由此可知，清宫内务府将制作红木家具的原材料称为海梅木，而使用和变卖的红木和海梅木是同一种材质不同的叫法，但是内务府造办处以海梅木制成以后的成品并不称为海梅木家具，而是称为红木家具。

据乾隆四十七年造办处“油木作”活计档记载：该年十一月二十七日，“员外郎五德催长大达色等来说，太监鄂鲁里传旨养性殿地平上现设自鸣钟一对，下添配红木香几一对，钦此。”

从清宫档案可以看出，乾隆四十年以后，由于清宫收贮的海梅木数量较多，以海梅木制成的红木家具的记载比比皆是。

乾隆四十七年十一月初六日“钱粮库”记载，当时内务府的官员呈交了大量的红木桌屏灯屏：“员外郎五德等来说，太监鄂鲁里交红木边厢画玻璃桌屏一件（随座），金漆边厢画玻璃挂屏三件，红木边厢玻璃小挂屏四件，小亮玻璃六块（内破一块），紫檀木插屏一座，红木边座厢玻璃八仙桌屏一件，紫檀木边嵌玉花卉挂屏三对，（厢嵌不全），传旨俱收贮有用处用钦此。

而乾隆四十八年内务府钱粮库记载，当时内务府造办处制作了为数可观的红木灯具，二月初七日员外郎五德、催长大达色等来说，太监鄂鲁里交红木边玻璃壁灯七对（内二对牙子不全），红木边纳纱玻璃桌灯二座，红木边玻璃壁灯一对，红木边玻璃桌灯二对，红木边玻璃壁灯三十二扇，红木边玻璃方灯二对，红木边玻璃十六扇，红木边画玻璃灯十六扇（俱陈辉祖名下）。

又据乾隆四十八年内务府造办处“钱粮库”记载，乾隆四十八年十月二十八日，“库掌大达色、催长金江来说太监鄂鲁里交蓝色西洋画玻璃红木边挂屏一对，画花卉玻璃红木边挂屏一对，红木边有锡玻璃挂屏二件，花梨木边座有锡玻璃小插屏一件，红木边玻璃插屏身二件（一件破坏不全），红木边玻璃插屏身五件（内二件破坏）。”

根据上述内务府造办处档案记载可知，乾隆四十年以后，由于海梅木的来源充足，以海梅木制成的宫廷红木家具的种类及数量极为丰富，包括红木香几、红木挂屏、红木桌屏、红木桌灯、红木壁灯、红木方灯、红木玻璃灯、红木插屏等。

这些红木家具充斥到清代皇宫的各个角落，成为清代后期宫廷家具的主要组成部分。

现在故宫还存有为数众多的红木家具，现在撷选几件有代表性的家具。

红木龙首衣架：清代，高 200 厘米，长 256 厘米，宽 67 厘米。衣架上方的搭脑两端雕出回首相顾的两个龙首，龙首下方透雕云纹挂牙，中牌子分三段嵌装绦环板，绦环板下有透雕龙纹卡子花与其下的横枨相连，横枨下方两端有透雕云龙纹托角牙。两侧立柱前后用站牙抵夹，立于墩子上，站牙、墩子及披水牙子满地浮雕云龙纹。

红木龙首衣架

红木竹节纹盆架：清代，高 52 厘米，直径 51 厘米。盆架以红木制成，通体雕成竹节纹，架柱间上下设两层冰纹枨，上层枨用来放置盆体，加下子足外撇。

红木竹节纹盆架

红木凤纹盆架：清晚期，高 75 厘米，直径 84 厘米。盆架六条三弯腿，雕成昂首卷尾的夔凤形，凤首上仰，身体弯曲，凤尾部自然形成外翻足，腿上部横枨连接，腿下部卷曲处则以一圆形枨衔接而成，枨子中间安有圆形衬板。

红木凤纹盆架

红木嵌螺钿三狮进宝图插屏：清乾隆，高 45 厘米，宽 37 厘米，厚 15 厘米．屏心边框红木制成，正面嵌螺钿《三狮进宝图》，三个金发卷曲的番人插持兵器，驱赶一大狮、二小狮前行，狮子被视为避邪护福的瑞兽，且与“师”谐音，太师、少师都是古代官职，图纹寓意“官禄相传”，背面嵌螺钿“香稻啄余鹦鹉粒，碧梧栖老凤凰枝”诗句。站牙及绦环板透雕夔龙纹，披水牙雕夔凤纹及云纹，双鼓式座墩，起混面双边线。

红木三狮进宝图小插屏正面 →

红木三狮进宝图小插屏背面 →

二、红木家具在清代民间的使用

而红木家具在清后期的民间使用中更是频繁，这一点从清代后期的小说作品中也能反映出来，如道光年间扬州人邗上蒙人所著的关于扬州地方风土人情、城市生活的小说《风月梦》里就用大量的篇幅描写红木家具，值得一提的是，在《风月梦》这部书里，提到的红木家具皆称为“海梅”家具，这与乾隆后期内务府造办处将海梅制成的成品家具称为红木家具的说法有所差别。在《风月梦》第三回“北柳巷陆书探友，西花厅吴珍吸烟”描写扬州大户袁猷家里的陈设，其中有一段描写袁猷邀请众人到西首花厅里面去坐的场景，“但见大厅西首两扇白粉小耳门上，有天蓝色对句，上写着：风弄竹声，月移花影。进得耳门，大大一个院落。堆就假山丘壑玲珑，有几株碧梧，数竿翠竹，还有十几棵梅、杏、桃、榴树木。此时四月天气，花台里面芍药开得烂熳可爱。朝南三间花厅，上面有一块楠木匾，天蓝大字写的是：'吟风弄月'。下款是'古灵王应祥书'。中间六扇白粉屏门，摆列一张海梅香几，挂了一幅堂画，是筠溪陈瑗画的山水。两边挂着泥金锤笺对联，上写道：风来水面千重绿月到天心一片青上款写：'佩绅学长先〔生〕教正'，下款是'齐之黄应熊拜手'。香几上左边摆着一枝碎磁古瓶，海梅座子，黑漆方儿，瓶内插了十多竿五色虞美人；右边摆的是大理石插牌。中间摆了一架大洋自鸣钟，一对钩金玉带围玻璃高手罩。一对画漆帽架分列两旁。桌椅、脚踏、马杌、茶几都是海梅的。学士椅、马杌上总有绿大呢盘红辫团'寿'字垫子。香几两旁摆列着广锡盘海梅立台……吴珍跟来的小厮发子，拿着一个蓝布口袋，走至花厅右边，将口袋放在炕上。又将那炕上海梅炕几搬过半边，在口袋内拿出一根翡翠头尾、金龙口、湘妃竹大烟枪，放在炕上。"

这段描写形象生动地反映出当时扬州巨富袁猷的豪华奢侈的家居陈设，其中袁猷家居室内，就有为数众多的海梅（红木）家具，如上述引文中的海梅木（红木）香几、桌椅、脚踏、马杌、茶几、立台、炕几等。这些真实描写当时民间风俗习惯的小说直观地揭示出红木家具已经深入到了民间富户家庭中。

与紫檀、黄花梨家具相比，红木家具在清代宫廷出现的较晚，但是到了清代后期，红木家具在清代宫廷家具中已经占有着重要的比例，而在民间，红木家具更是颇受欢迎，成为富户巨室内不可或缺的家居陈设，在中国家具史上占有着一席之地。

广式家具对清宫家具影响研究

中国的传统家具，历史悠久，而到了清代，达到了发展的极致。清代的宫廷家具以其做工精湛、用料考究而闻名，代表了清代家具制作的最高水平。清代的宫廷家具，融汇了全国各地家具的风格特点，在吸收各地家具优秀技艺的同时，发展提高，形成了清宫家具独特的表现手法和语言，书写了浓墨重彩的一页。在存世于今的清宫家具中，有很大一部分家具是受到岭南地区广东家具的影响，这类家具，用料考究，造型厚重，装饰风格华丽精美，中西合璧，具有鲜明的广式家具的风格特点，下面笔者就所看到的档案史料，并结合故宫现藏家具实物，进行简要梳理，对广式家具的风格特点对清宫家具的影响概论如下。

一、广式家具产生的背景

广东地处南疆，北倚五岭，南临大海，山川秀丽，物产富饶，人文毓秀。有清一代，广东经济发达，商贸繁荣，工艺美术异彩纷呈，而省城广州更因“一口通商”政策成为中西经济文化交汇之地。广式家具的产地在广州，广州是对外贸易的窗口，是中西文化折射的焦点。从陆域山川形胜来看：“五岭北来峰在地，九州南尽水连天”。采中原之精粹，将中土文化汇集于此，面对蓝色的海洋。秦汉时，中国商贾多至岭南货易，及晋、南北朝广州乃为市舶所聚。明清之际，“中华帝国与西方各国之间的全部贸易，都以此地为中心。中国各地的产品，在这里都可以找到；来自全国各省的商人和代理人，在这里做着兴旺的、有利可图的生意”（瑞典龙思泰：《早期澳门史》中的“广州城概述”）。据《南越笔记》卷六记载：当时设有太平粤海二关“粤东省境，北通西江、东浙、南楚诸处者为太平关，在韶州。其东南接诸洋面及粤西、闽、滇各省海运商贩者为奥海关。各关口俱滨海岸。粤地出产繁多。陈若冲记中所云‘人物富庶，商贾阜通，故市中出纳喧阗，盛于他处’”。[1]随着对外贸易的发展，南洋各处的优质木材及香料，首先要由广州进口，制造家具的原材料比较充裕，这些得天独厚的有利条件，为当时广州家具的制作提供了极大的便利条件。

“中国家具在十六世纪时已输入欧洲。葡萄牙传教士克罗兹在明代嘉靖三十五年（公元1556年）曾来到广州，后来在回忆录中详细地描述了广州的街道和商业情况。他说许多的手工艺人都在为出口贸易而工作，出口品丰富多彩，其中就有硬木家具如写字台、桌椅、床等。葡萄牙一度是东西方贸易的霸主。他们从里斯本出发，带上欧洲的工业品，沿途在各地海港进行交易最后来到中国澳门，‘满载金、绢、寨香、珍珠、象牙精制品，细工木器、漆器以及陶器而返回欧洲’。大量的出口商品由国内各地汇集而来，广州自然成为重要的出口生产地，其中家具业也就相当发达。”[2]

大量的中国家具输入欧洲，曾对十六、十七世纪欧洲家具产生了一定的影响，而到了十八世纪，欧洲发生了工业革命。社会政治、经济环境的重大变化，带来了社会生活新风尚。封建统治时期的森严、刻板、呆滞被打破，宗教的束缚松弛了。接着而来的便是在一切人事行为中出现相对轻松、自由、放纵的追求。这就是继十七世纪和十八世纪初流行的“巴洛克”时尚之后在欧洲进而在美洲社会普遍流行的“罗可可”风。罗可可是一种社会情调，这种情调表现在对纤巧轻俏、闪烁华丽和线条优美的物质喜好中，而这种以华丽优雅著称的罗可可风尚又反过来影响了东方的审美。

康熙、雍正、乾隆三代，是清代经济、文化、外贸迅速发展的时期，东西方文化交流频繁，西方传教士的大量来华，传播先进的科学技术和西方的美学观念，促进了中国经济和文化艺术的繁荣。

中华民族善于吸收外来文化的有益成分，融汇于传统文化之中并创造了崭新的文艺形式。清代于康熙二十三年（公元1684年）开放海禁之后，进出口贸易隆盛，也为外国文化和欧洲美术进入中原和内廷，大开方便之门。当时，从欧洲输入的绘画、版画、金工、珐琅、玻璃等作品最先经过广州，再贡进内廷或流向各地大城市。其工艺技术往往也首先在广州生根、开花、结果，再向各地传播。

来自广州的洋货贡品，也为宫廷带来前所未有的新东西，清代帝王的生活奢靡铺张，皇帝及其家人“集天下物用，享人家富贵”，是天朝财富最大的消费者。地方大吏每逢节庆时节，都要进献当地物产给天子，以博取皇帝的欢心。广东被誉为“金山珠海”，是皇家的“天子南库”。皇帝后妃对舶来品的欲望，刺激了广东督抚、粤海关监督依靠广东十三行这一洋货市场竞相采购进口货物之风，从而带来宫廷内的洋货热。

此时统治阶级对物质生活的追求表现出极大的欲望，追求一种绚丽、繁缛、豪华之气，当时的上层统治阶层竞相斗奇夸富，“不差钱”的心理急剧膨胀，他们调集能工巧匠大肆修建住宅、园林并配置相应的家具，彰显其显赫的气势，而广式家具成为清代统治阶级室内不可或缺的重要陈设家具。广式家具为清代统治阶级所青睐，究其原因，其一，是由于广东是贵重木料的主产地，南洋各国的优质木料多经由广州进口，制作原料充裕，因此广式家具用料毫不吝惜，家具尺寸随意加大放宽，以显示雄浑与稳重；第二，当时西方正值文艺复兴后的法国路易十四、十五时期，巴洛克和罗可可风格的艺术大行其道，影响遍及欧美。西洋家具追求美观，因此雕刻多、手工多、镶嵌多、装饰性强，如精美浮雕的大量运用或运用自然界的形状及材质，如叶形、兽头或兽脚、水果或波浪等，更有很多极富想象力的造型，如女神像、天使像等。与中式古典风格的古色古香相比，西洋风格给人以金碧辉煌和雍容华贵的效果，符合盛世王朝的审美追求，对处于对外贸易前沿口岸的广式家具产生了很大影响，借鉴了西方装饰风格的广式家具成为清廷主要家具来源。第三，清代中期，特别是到了乾隆时期，国内秩序稳定，经济发展，库藏充盈，使统治者有足够的闲情雅性享受山水园林之趣。清

圆明园内大水法 →

代统治者北京城内大兴土木，营建园林，除在内城建造三海工程外，还在西郊兴建三山五园，供皇家享乐之用。其中始建于康熙年间的圆明园被称为“万园之园”（公元 1707 年），由圆明、长春、万春三园组成，有园林风景百余处，建筑面积逾 16 万平方米，是清朝帝王在 150 余年间创建和经营的一座大型皇家宫苑。

清王朝倾全国物力，集无数精工巧匠，填湖堆山，种植奇花异木，集国内外名胜 40 景，建成大型建筑物 145 处，内收难以计数的艺术珍品和图书文物。在这些建筑中，除具有中国风格的庭院外，长春园内还有海晏堂、远瀛观等西洋风格的建筑群，这些西式殿堂兴建后，里面多配置与之风格协调的陈设品，据内务府造办处档案记载，西洋楼内的洋玻璃灯、地毡、自动玩具、机械钟表、西洋镜、铜版画等陈设，都是由粤海关通过洋行商人采买运过来的，这些来自西洋的物品，必然会摆放在中西合璧、彰显奢华富贵的广式家具上，无疑成为西式殿堂里面不可或缺的重要点缀。从存世于今的清宫内务府档案中可以看到，在清代宫廷苑囿内，广式家具无处不在。如乾隆

圆明园内海晏堂

三十一年（公元1766年）二月初三日（记事录）记载："催长四德、笔帖式五德来说太监胡世杰交紫檀木边西洋玻璃插屏一对（长春书室换下），传旨：将牙子收拾好，交圆明园摆水法殿，钦此。"[3] 另据乾隆三十六年（公元1771年）档案记载，乾隆三十六年五月十六日（油木作）库掌四德、五德来说，太监如意传旨：水法殿十一间南楼下第三间东西罩腿上，现挂紫檀木边西洋画玻璃小挂屏六件撤下，照对面现挂紫檀木边雕西洋式画人物玻璃玻璃大挂屏尺寸作法一样，成做挂屏二件，其画交如意馆艾启蒙画,应用之玻璃着造办处按尺寸挑玻璃呈览，得时在南楼下东西罩腿上安挂，钦此。"[4] 为迎合清皇室追求奢华的审美爱好，清宫造办处专门设立了"广木作"制作广式风格的家具，刻意创新，满足清代皇室对家具的需求。

广式家具一方面汲取了中国传统的家具的风格，同时也吸收了西方家具的长处，逐渐形成了与时代相适应的新款式，如博古柜、书架、桌、椅、凳、花几等，用材粗大充裕，木质一致，不少家具采用一木连作而成，即是用一种材料制成。如紫檀、红木，皆为清一色的木种，且不加漆饰。其装饰雕刻技法上的特色是花纹雕刻深峻，刀法圆熟，雕工精细。其雕刻风格在一定程度上受到西方建筑雕刻的影响，无论其装饰的花纹和纹样，不少是采用西法而成。如广式家具中大量采用的西番莲作装饰，这种西番莲花纹，线条流畅，变化多样，可以根据不同器形而随意延伸，如果装饰在圆形器物上，其枝叶多作循环式，各面纹饰衔接巧妙，很难分辨它们的首尾。

二、西洋工艺装饰技法的应用

值得一提的是，在装饰风格和技法上，广式家具大量采

西番莲纹饰

用了西方的装饰风格及技法，在工艺上，广式家具大量采用珐琅镶嵌、象牙雕刻、玻璃油画装饰，形成了一套广式家具独特的装饰手法。

广东地区位于对外开放的前沿，得天独厚的优势使得广东在第一时间接触到西方的先进的工艺技术，如当时的玻璃工艺，广州的玻璃业很发达，由于地缘优势使得广东地区输入了不少西方玻璃，人称“洋玻璃”。“广州人还利用进口玻璃的碎片回炉烧成玻璃器，同时也用本地矿石作为原料烧炼成玻璃器，人称‘土玻璃’。所以，广州玻璃业较早地接触到西方玻璃器。”[5]英国马嘎尔尼于乾隆五十八年（公元1793年）来华，经过广东时也看到广州玻璃的生产情况并深知其特点。而清宫造办处玻璃厂第一代工匠中就有广东玻璃匠在效力。“广东玻璃工匠程向贵于康熙末年制成雨过天晴刻花套杯、周俊制作的雨过天晴素套杯，都得到了雍正帝的好评。”[6]伴随玻璃的传入，就是玻璃油画业的兴起。玻璃画就是在玻璃上画的油画，明末清初由西洋传入中国，首先在广州兴起，形成了专业生产，其作法是用油彩直接在玻璃上作画，它与一般绘画的画法不同，是在玻璃的背面作画，但从正面欣赏；一般绘画是先画远后画近，而玻璃画则先画近后画远。尤其是人物的五官，要气韵生动，更非易事，十八世纪玻璃画在欧洲被称为背画（Back Painting），“这种绘画与在画布和木板上绘制的画完全相反，它在玻璃背面完成，而在正面可以清晰地看见”。玻璃画最早见于十五世纪意大利天主教圣像画。由于绘制技术难以掌握，到十八世纪欧洲已经不再流行。但在十八世纪至十九世纪的广州口岸，玻璃画却大行其道，甚至成为广州画匠外销画的重要画种。当时一位叫做德经（De–Guigue）的西方人在其游记中称广州为中国的玻璃画中心，并记载了广州玻璃画的具体绘制方式：“中国画家喜欢用薄的玻璃镜作画板，因为厚的玻璃镜会使颜色变浅，影响画面效果。他们一般用油彩绘制，有时也用树胶混合颜料作画，绘制时画家先画出图案轮廓，然后用一种特殊的钢制工具将镜背面相应部分的锡和水银除去，以便划出一块清晰的镜面来绘制图案。”[7] 广州生产的玻璃油画的题材多是应欧洲“中国趣味”的需要而产生的，主要绘制内容是用鲜艳的色彩在玻璃上描绘中国风景，有时添上休闲的人物，这些玻璃油画制品多描绘广州珠江沿岸商馆区风光、黄埔锚地、十三洋行等风光，具有很强的写实性，玻璃油画由于其强烈的装饰效果，进入到了清代宫廷中，在皇家宫殿苑囿中极为常见。在清宫档案中称为“画片玻璃”。如乾隆三十六年四月二十日（金玉作）：“乾隆三十六年（公元1771年）五月十四日，副催长三达子拆来含经堂画片玻璃四对三十二块，思永斋画片玻璃二对十六块，旧园画片玻璃三对二十四块，玉玲珑馆画片玻璃三对二十四块，澹泊宁静画片玻璃一对，拆下八块……”[8]画片玻璃不仅用于单纯的玻璃上，也很快用在了家具装饰上，特别是在屏风类家具上应用广泛。清代中期以后，统治者大兴土木，营建离宫别苑，在这些建筑内充斥着大量的可供观赏陈设的家具，如大型的围屏、悬挂于墙壁之上的挂屏、小型的炕屏等，而画法精湛、吸收了西方绘画风格的玻璃画家具也随着统治者的偏好传入了清代宫廷中，成为清代宫殿居室内部重要的点缀。如乾隆二十五年（公元 1760 年）十一月十七日“油木作”记载：“郎中白世秀、员外郎金辉来说太监胡世杰交金漆边油画挂屏一件。传旨：将金边熔化，另换紫檀木素边。钦此。于十二月二十八日，郎中白世秀、员外郎金辉将换做得紫檀木素边油画挂屏一件持进，安在养心殿呈览。奉旨：着在水法殿挂。钦此。于二十六年正月初九日，副领催周公也将紫檀木边油画挂屏一件持赴水法殿挂讫。”[9]

乾隆四十六年（公元 1781 年）十二月（金玉作）里记载：“于十五日员外郎五德等来说太监鄂勒里传旨阐福寺楼上现设坛城纱罩上查安之玻璃尚少十片，着寄信热河，交永和在园内各处查现挂油画玻璃挂屏，并库贮之玻璃挂屏，有对尺寸者查五六对送来呈览，钦此。”[10]现在在故宫博物院内，还珍藏有一些镶嵌着玻璃油画的屏风，无一不体现着广式家具的装饰风格和特点。

紫檀边座嵌牙雕十三洋行图插屏：是一件做工很细腻的广式玻璃油画家具，它以清代中期广州十三洋行为背景制作，屏风横 87 厘米，纵 47.5 厘米，通高 141 厘米，插屏边框及底座为紫檀木制，屏心以染牙雕刻广州风景，画面以当时在广州开设的十三洋行建筑为主体，描绘当时广州对外贸易的繁荣景象。画面中舸帆如过江之鲫，在水面上川流不息，两

紫檀边座嵌牙雕十三洋行图插屏

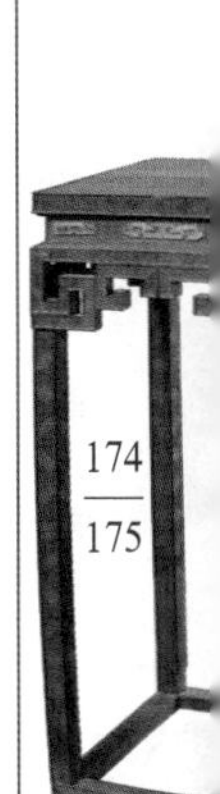

边的岸上一座座中外建筑物鳞次栉比，客商云集，由近及远的靖海门、越秀山镇海楼等著名建筑物尽收眼底。整个画面颜色鲜明，层次错落有致，立体感极强，富有写实般的效果，表现了当时广州作为对外通商口岸的繁忙情景。此插屏以玻璃油画作衬地儿，在玻璃的背面描绘乌云和水波纹来表现屏心的天际部分和江水，象牙着色的大小船只就直接粘在玻璃表面。为防止嵌件脱落和灰尘的污染，又在它的屏心外罩上了透明的玻璃框。这件插屏的边框雕刻双边线夹夔纹绵结图案，蝙蝠间卷草纹站牙，两柱间的绦环板上浮雕蝙蝠和夔纹，披水牙及座墩上则浮雕蝠纹及西方巴洛克风格的卷草纹。插屏背面采用极为名贵的楠木板材，嵌染牙博古花蝶图案，雕工细腻，装饰丰富。

广式家具中还大量采用珐琅工艺，清代的珐琅制作主要是在广州。珐琅，在明代称为“大食窑”，清人俗称“景泰蓝”。另外还有錾胎珐琅，即明人称之为“佛郎嵌”者，其传世遗物甚少。然而清宫旧藏珐琅器品种丰富，工艺精湛，除掐丝珐琅、錾胎珐琅外，还出现了画珐琅和透明珐琅两个新品种，其中画珐琅被广泛应用于家具制作中。画珐琅俗语称“洋瓷”，据《明史·外国列传》记载：“古里，西洋大国……永乐六年，命中官尹庆奉诏的抚论其国，赉以彩币。其酋沙米的喜，遣使从庆入南……贡物有宝石、珊瑚珠，拂郎……”古里，在明代是印度喀拉拉邦北岸的一个国家，经古里献给中国皇帝的“拂郎”面貌如何，已难知晓。目前，仅见明代金属胎起线珐琅制品，被称作“大食窑器”。而金属胎画珐琅器，则是十七世纪中叶，在西方传教士呈进欧洲画珐琅的影响下，才于康熙年间在宫廷内珐琅处开始烧造，但烧造技术不高，釉料呈色不稳定。康熙五十八年（公元1719年），聘请法兰西画珐琅艺人陈忠信来京，在内廷珐琅处指导烧造画珐琅器。清王朝建立之初，曾一度实行海禁，至康熙二十二年（公元1683年），开始海禁。当时，只允许外国商船进入粤海关一处，这使广州地区最先接触到西方盛行的画珐琅制品。广州的产品多保留着西方文化的韵味。此后，皇室所需的珐琅器不仅向粤海关征定和购买，而且内廷所需的画珐琅匠人也多由粤海关选送。

画珐琅是用珐琅直接涂画在金属胎上，经过烧制后显色，富有绘画趣味。实则为“珐琅画”。多画肖像、人物、风景、静物与历史神话、宗教画。这两种新的珐琅器都是受欧洲珐琅的影响，而广州是最先接触这种新的珐琅品种的地区。

据杨伯达先生考证：西方画珐琅很可能是先在广州落地再传入内廷，首先看到西方画珐琅的还是广州人。[11]广州画珐琅的烧制受到英、法画珐琅的影响，接受其工艺（主要是珐琅料、使用方法及烘烧等技术）烧造成功的。而这些经过广州匠师之手创新来出来的画珐琅很快就转化为具有地方特色和民族风格的作品，这个过程是在康熙年间完成的。现存的画珐琅器大多是乾隆时期或其以后的制品，其特点是珐琅料显色鲜艳，构图饱满，线条流畅。题材多带有吉庆内涵，除了西方建筑、妇婴题材之外，装饰图案往往采用巴洛克的贝壳材料及对称手法。其中体量巨大的也不少，与宫廷珐琅相比确实有着“外造之气”。[12]

珐琅工艺传入内廷是在康熙年间，外国传教士马国贤（画家，康熙四十九年，公元1710年进京）、郎世宁（康熙五十四年，公元1715年来华）都在珐琅厂画过珐琅画。康熙五十六年（公元1717年）九月二十六日，广东珐琅匠潘淳、杨士章随乌林人李秉忠启程来京。郎世宁的徒弟，广东画珐琅人林朝楷之名虽始见于雍正六年（公元1728年）的《清档》，但估计他于康熙晚年已进入内廷珐琅处。

康熙晚期成熟的画珐琅，一般是先烧白釉器，涂以黄地子，再画花纹，带有浓厚的皇家色彩。到了乾隆时期，画珐琅不论在图案、色彩、造型上都有所创造、有所突破。造办处的工匠虽然大多来自广州，但为适应皇帝口味，在艺术上变得严谨工整，一丝不苟。而广州画珐琅恰与“内廷恭造”形式迥然不同，除了烧造钦定内廷画家珐琅活计之外，盛行仿绘西洋妇婴和欧洲多枝大叶花纹，以及用红、蓝等单色渲染的山水。这种画珐琅的技法也直接运用到了清宫中的家具上，如画珐琅花卉纹炕桌。

画珐琅花卉纹炕桌

画珐琅炕桌：长为长方形桌面，三弯腿。通体施黄色珐琅釉为地，彩绘缠枝花卉，桌面用铜条镶嵌出长方形开光，梯形桌边内绘粉红色螭纹边饰。牙板上绘蓝色螭纹。底为两条蓝色螭纹环抱红釉“大清乾隆年制”篆书款。这件炕桌所施釉色纯正艳丽，釉质细腻莹润，极富光泽，花纹富丽，工艺技法考究。

除了画珐琅之外，錾胎珐琅也是广式家具中最常使用的装饰技法，錾胎珐琅于元代自欧洲传入，称为“佛郎嵌”，胎由铸造、锤焊而成，除减地起线外，其余工序以及所用珐琅料均与掐丝珐琅同。錾胎珐琅是在金属胎的表面，雕錾起线花纹，然后于花纹的下陷处填施各种颜色的珐琅，经过焙烧、镀金、磨光而成，錾胎起线粗壮，有着庄重而醇厚的艺术效果，器物表面呈现出似宝石镶嵌的美感。錾胎珐琅器是金属雕錾工艺与珐琅工艺相结合的一种装饰工艺。当时的广州是清代中国最大的錾胎珐琅生产基地，其生产数量和产品质量均居首位。据记载，清乾隆年间，广东曾烧制一大批錾胎珐琅器，装饰在圆明园内的许多建筑景观中，极受清代宫廷王室的青睐。錾胎珐琅的特点是“釉料浅淡典雅，釉质细腻洁净，雕錾技法精熟，起线粗细均匀，如行云流水般酣畅自然。图案题材广泛，有夔龙、夔凤、拐子、回纹、万字不到头、如意云头、兽面纹等……”这些图案满足了当时宫廷的审美需求，同时又在錾胎器物上装饰着西番莲纹样，显然是受到欧洲装饰风格的影响。

錾胎珐琅四友图屏风：是一件錾胎珐琅家具的精美之作。这件屏风为三扇屏，屏帽上雕成回纹拐子，屏心为錾胎珐琅，紫檀木边框，屏心下踩须弥底座，两侧为镂空珐琅站牙抵挟。屏心铜镀金地錾刻卷云纹，三扇屏心通体描饰“松竹梅四友图”，画面中间再点缀灵芝和湖石，屏风左上方书“御题四友图诗”。整个屏风雄伟壮，做工精湛，鎏金厚重，流金溢彩，是一件豪迈大气、彰显奢华的陈设家具。

錾胎珐琅四友图屏风 ➔

从清代内务府陈设档来看，清代宫殿里，就陈设有广式珐琅家具和珐琅制品，成为清代宫殿陈设的重要点缀。如光绪二年（公元 1876 年）翠云馆内的陈设有紫檀木嵌珐琅屏风宝座及紫檀嵌珐琅大案：

“光绪二年二月二十日起，奴才范常禄等奉旨陆续查得翠云馆现陈设：紫檀檀木嵌珐琅片五屏峰宝座足踏一分（镶嵌不全），上设：紫檀木嵌玉二块如意一柄，雕漆痰盆一件，斑竹边股扇一柄，御制耕织图诗册页一册。

……紫檀木嵌珐琅片大案一张，上设：青白玉八角四方笔筒一件，汉玉汉纹双耳杯一件（有络系粘紫檀座），哥窑双管瓶一件（系粘乌木座），汉玉汉纹乳钉璧插屏一件（有络），乌木嵌汉玉九鸡插屏一件（上刻诗），定瓷铜镶口洗一件（紫檀座），霁红瓷棒叶瓶一件（紫檀座），汉玉仙人砚山一件（紫檀座）。”

另外在光绪二年惇本殿陈设档里也记载，惇本殿明殿里有多件珐琅家具器用：“紫檀木边铜掐丝珐琅插屏一对……铜珐琅出戟花觚二件（紫檀木座），洋瓷珐琅水丞一件……”[14]

三、清宫造办处与广式家具的制作

由于清代广式家具制作在中国传统家具的基础上结合西方欧洲文艺复兴以后的各种家具形式和工艺技法，创造了花样多变的华丽的家具式样，而且用料厚重，富丽堂皇，这种新颖的家具逐渐受到社会各阶层的喜爱，尤其受到清代宫廷和官绅、文人的追捧和提倡，这一时期广东家具的制作名工辈出，清代中期每年广东地区地方官员都要向朝廷进贡大批的广东地区名物，其中就有做工精湛的广式家具。清皇室每年从广州定做、采购大批家具外，还从广州挑选优秀的工匠到皇宫，为皇室制作家具。据清宫内务府造办处活计档记载，乾隆二十年（公元 1755 年），造办处曾从广州引进家具人才。乾隆二十年记事录："八月初四日……粤海关在案，今粤海关李永标送到广木匠王常存、朱湛端、冯振德……五名，查从前送到广木匠冯国枢照，现有广木匠林彩等四名，议给每月钱粮三两，每季衣服银七两五钱，广东安家银六十两，奉旨：冯国枢每月赏给钱粮银三两，每季衣服银五两，广东安家银六十两。走着好时，再添钦此……谨此奏闻缮折，员外郎金辉、副催总舒文持进交太监胡世杰转旨，知道了，钦此。"[15]

从上述档案可知，当时清代内务府造办处以丰厚的银两从广东聘进手艺高超的工匠，为清代皇家打造家具。

内务府造办处的"广木作"里汇集了来自广东地方的优秀匠师，为清代皇家打造家具器用，除了广木作外，清宫内务府造办处的"油木作""珐琅作"也承担了清宫广式家具的制作。内务府造办处活计档里为清代皇室打造家具器用的记载比比皆是：

乾隆十二年（公元 1747 年）六月十六日（广木作）催总达子来说，太监胡世杰传旨：思永斋后楼现安四方亭式龛的座下无群板，着添做群板，先画样呈览，准时再做，钦此。于本月二十二日司库白世秀、催决达子将画得群板纸样一张持进，交太监胡世杰呈览。奉旨：准番草花样，用柏木紫檀做成。钦此。于七月十七日，司库白世秀将做得紫檀木柏木雕番草花群板一分持进安讫。[16]

乾隆十九年（公元 1754 年）三月十六日"珐琅作"记载："员外郎白世秀来说太监胡世杰交铜胎掐丝珐琅镶嵌玻璃油画片格子一件，传指将格子上钉眼补平，得时交进，钦此。于本月二十三日员外郎白世秀将掐丝珐琅玻璃油画格子一件补得钉眼，持进交太监胡世杰呈览奉旨，交王常贵做赏用钦此。”[17]

乾隆十五年（公元1750年）五月二十三日（记事录），员外郎白世秀、司库达子来说，忠勇公付奉旨：着造办处想有用西洋物件开写清单呈览。钦此。于六月二十五日，员外郎白世秀、司库达子想得有用处西洋物件：大玻璃镜，高五尺余，宽三尺余；西洋珐琅大瓶罐；金线、银钱；西洋水法房内装修；内里装修……大小钟表，西洋箱子，西洋椅子；西洋桌子。缮写折片持进，交太监胡世杰转奏……于八月初十日，内务府大臣德将画得西洋玻璃灯纸样一张持进，交太监胡世杰呈览。奉旨：准带往西洋去做。钦此。[18]

从上述记载可知，清宫造办处的“广木作”为清代宫殿、行宫、寺庙生产了大量的家具，这些家具涵盖面很广，有屏风、佛龛、盒座、香几等，有些家具如“紫檀木西洋四方龛”“掐丝珐琅玻璃油画格子”等明显受到西方风格的影响，现在故宫博物院内还珍藏有不少广式风格的家具，它们无一不是精工细做的典范之作，代表了当时家具制作的最高水准。

从现今故宫所存的广式家具来看，广式风格的宫廷紫檀家具造型以厚重为主，整体较为夸张，腿足部多为刚劲挺阔的方回纹马蹄足，高束腰或特高束腰，束腰上下一般都有肥厚的托腮，分别雕仰莲纹和俯莲纹，为典型的须弥座形式或变体蕉叶纹。不少家具在顶部装饰有带雕饰的部件，看上去类似帽子，受西洋风格影响，有些家具部件的造型源于西洋古典建筑。在装饰上，常镶嵌色泽艳丽、对比强烈的材料，如画珐琅、掐丝珐琅等。广式风格的宫廷紫檀家具的雕饰最常见的有两类，一是江崖、海水、云龙等中式图案，二是卷草、蔷薇等西洋图案。清宫中最典型的广式家具就是在一件家具中同时运用中式装饰纹样及西洋的装饰纹样，两种不同地域、不同风格的装饰题材运用在同一件家具上，并没有给人牵强附会、生拉硬拽之感，反而有一种妙笔生花的自然美感。在故宫博物院咸福宫内陈列有一套清中期乾隆时期的紫檀屏风宝座，这套屏风宝座由于不惜工本，整体采用紫檀大料制作，造型显得厚重凝华，富丽大气。

咸福宫内的紫檀屏风宝座：这是一套具有广式风格的清宫紫檀家具，造型厚重大方，装饰中西合璧，这样的紫檀家具在清宫内廷为数并不少。屏风帽子上采用深浮雕手法雕刻着具有巴洛克风格的西番莲花纹，屏心上则雕刻着中国传统的山水人物纹饰，而宝座的靠背扶手围板上雕刻着中国传统的山水人物画，而足端的装饰却吸收了西洋的装饰风格，底足兜转有力，内翻回纹马蹄上雕饰出具有西洋洛可可风格的卷草纹，可谓中西合璧。这种不同风格的中西装饰图案同时运用到一件家具上，给人耳目一新的感觉。

咸福宫内的紫檀屏风宝座

宝座正中靠背围子上的山水人物图案

足端上的西洋风格卷草纹雕饰

下面我们再来看一看另外几件广式家具：

清中期紫檀嵌画珐琅西洋人物插屏：插屏宽 114 厘米，高 218 厘米。紫檀木制，由屏框及底座组成，屏座两侧立柱，前后有站牙抵夹，座框内装绦环板，浮雕拐子纹。下饰壸门披水牙板，浮雕拐子纹，屏心镶铜胎画珐琅西洋仕女风景画，画面上有四个衣着西洋服饰的女子，分立于西洋房间内外，她们神态各异，位于室外的西洋仕女共计三人，她们或手执折扇、或举扇上扬，或手捧钟表，而立于室内的仕女正倚窗而立，向外张望，具有写实的艺术效果。

紫檀边框铜胎画珐琅西洋仕女像插屏

清中期紫檀嵌珐琅边玻璃油画圆挂屏（一对）：宽70厘米，高93.5厘米。紫檀木边框，嵌西洋卷草花纹及盘肠锦结纹画珐琅片。心为玻璃油画，其山水、树石的画法具有中国传统风格的特点。而人物楼船则皆为西式，此屏是明显的广式家具的做法，是中国画师仿西洋油画风景而作。

紫檀嵌珐琅边玻璃油画圆挂屏

清中期紫檀边座点翠竹插屏：宽116.5厘米，高220厘米。插屏边框紫檀木制，屏上装饰镂雕西番莲式样的屏帽，屏帽下接的挂牙亦镂雕成西番莲式样。屏心以黑丝绒作地，上面衬托着翠竹图。边框四站牙做成葫芦形，镂雕欧式卷草纹。前后披水牙子浮雕欧式卷草纹。披水牙上部的绦环板镶嵌着夔纹间西番纹珐琅片一块。此屏从用材、造型、雕刻、纹饰等方面来看，都凸显广州硬木家具的风格和特点。

紫檀边座点翠竹插屏 →

紫檀雕西洋花纹扶手椅：通体采用紫檀木制成，具有明显的西洋风格。扶手椅长 66 厘米，宽 51.5 厘米，高 117.5 厘米。靠背扶手取西洋巴洛克式，搭脑雕出象形的螺壳，背板作瓶形，扶手两卷连续，与前角柱相合。面下低束腰，西洋卷叶式曲边牙条，三弯式腿，鹰爪式足，落在方形托泥之上。整体造型玲珑舒展，是中西文化艺术巧妙结合的典型范例，唯有广东工匠才能做出这种西洋味道明显的宫廷家具。

紫檀雕西洋花扶手椅

综上所述可以看出，清代的宫廷家具融汇了各地的优秀家具风格，而厚重凝华、中西合璧的广式家具与中国传统家具相比，无论是用料还是装饰技法上都给人一种焕彩生辉、耳目一新之感，广式家具由于优质的木材来源充足，在制作上不计工本，用料粗硕，在家具装饰上采用大朵的西番莲卷草纹、描绘异域风格的玻璃油画以及色调浓艳的画珐琅，与中国传统家具的风格迥然相异。清代虽然实行闭关锁国政策，但是清代统治者对于泛海浮舟传来的西洋钟表、天文仪器等物品并未排斥，这些西方的舶来品大量引入宫中，而广式家具，自然成为这些来自西洋产品的载体，中国传统的文玩用品和西洋陈物品并相陈设，摆放在中西合璧的广式家具之上，并没有产生突兀之感，而是与传统宫殿建筑有机地结合在一起，清代宫廷的广式家具，在中国家具史上书写了浓墨重彩的一页，在清代宫廷家具中占有着重要的地位。

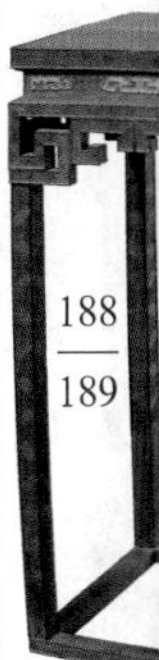

[1]（清）李调元．南越笔记：卷六 [Z]．台北：台湾新文丰出版股份有限公司，1986：275.

[2] 陈玲玲．广式家具及其起源 [J]．收藏家，2000（4）.

[3] 中国第一历史档案馆．清代档案史料——圆明园 [Z]. 上海：上海古籍出版，1991：1444.

[4] 中国第一历史档案馆．清代档案史料——圆明园 [Z]. 上海：上海古籍出版，1991：1498.

[5] 杨伯达．十八世纪中西文化交流对清代美术的影响 [J]．故宫博物院院刊，1998（4）：70.

[6] 杨伯达．清乾隆五十九年广东贡物一瞥 [J]．故宫博物院院刊，1986（3）：9.

[7] 江滢河．清代洋画与广州口岸 [M]．北京：中华书局出版社，2007（2）：165.

[8] 中国第一历史档案馆．清代档案史料——圆明园 [Z]. 上海：上海古籍出版，1991：1497.

[9] 中国第一历史档案馆．清代档案史料——圆明园 [Z]. 上海：上海古籍出版，1991：1406.

[10] 中国第一历史档案馆．清宫内务府档案总汇：第四十五册 [Z]. 北京：北京出版社，2005（11）：60.

[11] 杨伯达．十八世纪中西文化交流对清代美术的影响 [J]．故宫博物院院刊，1998（4）：74.

[12] 杨伯达．十八世纪中西文化交流对清代美术的影响 [J]．故宫博物院院刊，1998（4）：75.

[13] 中央编译出版社．文物名家大讲堂——中国工艺 [M]．北京：中央编译出版社，2008（8）：173.

[14] 惇本殿陈设 [Z]. 光绪二年立．故宫博物院珍藏．

[15] 中国第一历史档案馆，香港中文大学文物馆．清宫内务府造办处档案总汇：第二十一册 [Z]. 北京：北京出版社，2005（11）：491.

[16] 中国第一历史档案馆．清代档案史料—圆明园 [Z]. 上海：上海古籍出版，1991：1313.

[17] 中国第一历史档案馆，香港中文大学文物馆．清宫内务府造办处档案总汇：第二十册 [Z]. 北京：北京出版社，2005（11）：349.

[18] 中国第一历史档案馆，香港中文大学文物馆．清宫内务府造办处档案总汇：第二十册 [Z]. 北京：北京出版社，2005（11）：1325.

[19] 中国第一历史档案馆，香港中文大学文物馆．清宫内务府造办处档案总汇：第四十三册 [Z]. 北京：北京出版社，2005（11）：8.

[20] 中国第一历史档案馆，香港中文大学文物馆．清宫内务府造办处档案总汇：第四十三册 [Z]. 北京：北京出版社，2005（11）：11.

[21] 中国第一历史档案馆，香港中文大学文物馆．清宫内务府造办处档案总汇：第四十三册 [Z]. 北京：北京出版社，2005（11）：455.

[22] 中国第一历史档案馆，香港中文大学文物馆．清宫内务府造办处档案总汇：第四十三册 [Z]. 北京：北京出版社，2005（11）：456.

“苏式”家具与清宫家具探论

在中国家具史上，清代宫廷家具以制作精良、工精料细而著称。清宫家具，顾名思义，是专供清代宫廷使用的家具，从现存的宫廷家具来看，清代宫廷家具里面有两大类家具值得关注，一类为造型厚重，用料粗硕的广式家具。另一类是造型文雅端秀的家具，在家具上多装饰有竹纹、梅花、几何纹、古玉纹图案，具有典型的江南文人的特征，它们多出自苏作匠师之手，具有明显苏式家具的风格。清代宫中的家具制作，融入了较多的苏式家具的装饰风格，苏式家具大量陈设在清代皇家园林，成为清代宫廷家居陈设中不可或缺的重要点缀。

一、清代是中国传统家具制作的高峰期

在中国传统家具中，清代宫廷家具占有着重要地位。我国传统的家具制作，向以清代家具最为讲究。回顾中国家具发展史，清代可以说是家具制作技术臻于成熟的顶峰时期。如果说明式家具是以造型简洁、疏朗大度，不重修饰而重材质取胜的话，那么清代家具更注重人为的雕刻与修饰。入清以后，由于顺治、康熙、雍正、乾隆等几代帝王孜孜不倦的努力，至清中期，清代的社会经济达到了空前的繁荣。据钱穆《国史大纲》记载清中期社会的经济情况：“清康，雍，乾三朝，正是清代社会高度发展的时期，以这个时期户部存银情况来看，大致可以看出当时经济发展的状况，康熙六十一年（公

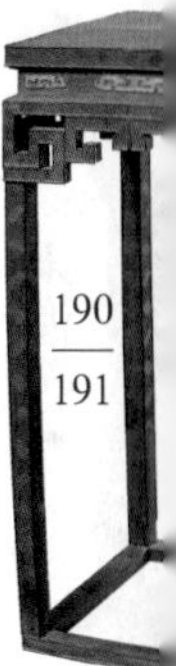

元1722年），户部存银八百余万两，雍正间，积至六千余万两，自西北两路用兵，动支大半，乾隆初，部库不过二千四百余万两，及新疆开辟，动帑三千万两，而户部反积存七千余万两，及四十一年，两金川用兵，费帑七千余万两，然是年诏称库帑仍存六千余万两，四十六年诏，又增到七千八百万两，且免天下钱粮四次，普免七省漕粮二次，巡幸江南六次，共计不下二万万两，而五十一年之诏仍存七千余万两，又逾九年归政，其数如前，康熙与乾隆正如唐贞观与开宝，天宝也。乾隆晚年之和坤，为相二十年，所抄家产，珍珠手串二百余，大珠大于御用冠顶，宝石顶数十，整块大宝石不计其数，夹墙藏金六千余万两，私库藏金六千余万两，地窖埋藏银三百余万两，人谓其家财八万万。”[1] 从钱氏引文可以看出，清代中期，正处于岁稔年丰、经济繁荣的封建社会高度发达的时期，由于国库充盈，使清代统治者可以拿出足够的资金用来满足各种纸醉金迷的生活开销，再加之这一时期的版图辽阔，对外贸易日渐频繁，南洋地区的优质木材源源不断地流入境内，给清代家具的制作提供了充足的原材料；同时，清初手工艺技术突飞猛进的发展和统治者好大喜功的心态对清代家具的形成起到了推波助澜的作用。

清代家具在清初仍基本上沿袭了明代家具的风格，而到了雍正、乾隆以后，由于国力昌盛，经济及手工业的发展，再加之受到一些外来文化的影响，清代家具随着地域的不同而呈现出各地方家具风格异彩纷呈的局面。

而作为清代家具中最具典型代表的清代宫廷家具，更是融汇了全国各地的家具风格，形成了独特的艺术语言和表现手法。清代宫廷家具的产地是北京。北京不仅是全国的政治、文化中心，也是北方著名的商业城市。有辐射到全国各地的水陆交通网，商品集散便利。内城为皇室和达官贵人的居住之地，而正阳、崇文、宣武三门之外，则为繁华的工商业区。全国各地手工业品和土特产品源源不断地运入北京商业区，各地行帮商人在这里转贩物品，牟取暴利。北京的手工业主要生产为皇室服务的高级奢侈品，如珐琅、玉器、雕漆、料器、翡翠、玛瑙、玻璃、珊瑚等工艺品，作为皇室日用起居的宫廷家具也不例外。清初，为满足皇室的需要，清宫每年都要耗费大量人力物力来制作大批高级家具，充实各宫殿、园林和行宫。清宫专门成立了“内务府造办处”。造办处是清代皇宫内管理手工作坊的机构，下设玉作、珐琅作、木作、广木作、漆作、匣裱作、如意馆等十三作。当时单独设有木作和广木作，专门承担木工活计，此外漆作也承担了部分清宫漆家具的制作，而清代内务府造办处的工匠们，有很多是来自长江下游的苏州地区的工匠，这些来自苏长江下游地区的工匠们进入到造办处中，把他们的家具制作技术和装饰技法应用到宫廷家具的制作中，形成了一套独特的表现手法和艺术风格。

二、江南地区经济繁荣、工艺发达

苏式家具，指以江苏省苏州为中心的长江下游一带所生产的家具。苏式家具的发祥地苏州由于依傍运河，又受太湖流域发达的乡镇经济和家庭手工业的影响，成为明清时期东南经济重镇。

明代文人王锜记载：“吴中近年之盛：吴中素号繁华，自张氏之据，天兵所临，虽不被屠戮，人民迁徙实三都、戍远方者相继，至营籍亦隶教坊。邑里潇然，生计鲜薄，过者

《姑苏繁华图》水运商贸

增感。正统、天顺间，余尝入城，咸谓稍复其旧，然犹未盛也。迨成化间，余恒三、四年一入，则见其　若异境，以至于今，愈益繁盛，闾檐辐辏，万瓦甃鳞，城隅濠股，亭馆布列，略无隙地。舆马从盖，壶觞罍盒，交驰于通衢。水巷中，光彩耀目，游山之舫，载妓之舟，鱼贯于绿波朱合之间，丝竹讴舞与市声相杂。凡上供锦绮、文具、花果、珍羞奇异之物，岁有所增，若刻丝累漆之属，自浙宋以来，其艺久废，今皆精妙，人性益巧而物产益多。至于人才辈出，尤为冠绝。作者专尚古文，书必篆隶，骎骎两汉之域，下逮唐、宋，未之或先。此固气运使然，实由朝廷休养生息之恩也。人生见此，亦可幸哉。"[2] 从王氏引文可知，明代时期，江苏吴中苏州地区成为江南繁华之地，物产富饶，人民安居乐业，各类生活用品以及文玩器用均是精工细作。

另据明末清初的文人顾炎武记载"姑苏人聪慧好古，亦善仿古法为之。书画之临摹，鼎彝之冶淬，能令真赝不辨。又善操海内上下进退之权，苏人以为雅者则四方随而雅之，俗者则随而俗之。其赏识品第本精，故物莫能违。又如斋头清玩、几案床榻，近皆以紫檀、花梨为尚。尚古朴，不尚雕表镂。即物有雕镂，亦皆商、周、秦、汉之式，海内僻远皆效尤之。此亦嘉、隆、万三朝为始盛。至于寸竹片石，摩弄成物，动辄千文百缗，如陆子匡之玉、马小官之扇、赵良璧之锻，得者竞赛，咸不论钱，几成物妖……一城中与长洲东西分治，西较东为喧闹，居民大半工技，金阊一带，比户贸易，负郭则牙侩辏集。胥、盘之内，密迩府县治，多衙役厮养，而诗书之族，聚庐错处，近阊尤多。城中妇女习刺绣，滨湖近山小民最力穑耕渔之外， 男妇并工捆屦、织布、织席、采石造器营生。梓人、甓工、垩工、石工，终年佣外境，谋早办官课。"[3] 从顾氏记载可知，当时姑苏城人聪慧好古，制作出来的产品，无论是家具器用还是斋头清玩，都古朴雅致，而且苏州各行业从业人员巧工辈出，无论是木匠、石匠还有垩工等都靠自己的技术出外谋生，知名的工艺匠人如陆子匡之玉、马小官之扇都以其作品工艺精湛而售价不菲。

姑苏的经济发展到康熙年间，达到了高度发达的地步。

康熙年间，苏州城内有布商 76 家，金镇和金珠铺近 80 家，而木商达到了 130 多家，可见苏州木器家具业的兴旺。

而在明清时期的苏州地区，专门从事小件制作的作坊很多，艺人辈出，《吴县志》记载：这些艺人的手艺是“明朝一代的绝妙技”。做“小件”需要相当高的技艺，在做苏式家具的过程中，一些工匠便发挥了这方面的优势。他们巧妙地利用各种小料，精确计算，最后使之成型。在苏式家具中常见这种工艺手法制作有架格的栏杆和各种围子、椅背等。用这种方法制作的家具不仅科学美观，而且也是最经济的。

苏州地区的工艺发展，也为苏式家具风格的形成起到了推波助澜的作用。苏式家具在苏州这块特定的土壤里形成较早，举世闻名的明式家具，即以苏式家具为主。苏式家具从十五世纪中叶开始产生，一直发展到十九世纪。从明代起，江苏省苏州、扬州和松江一带就以制作硬木家具著称，在清代时家具制作工艺大体保持明式家具特点，清代称为“苏作”，或“苏式”。在用料方面，苏作家具用料合理节俭，重在凿磨，工于用榫，善于将小料拼成大的部件。大件家具有硬木攒框，以白木髹漆为面心，装饰纹样以传统为主。

包镶工艺、匠巧工心：苏式家具早先以造型优美、线条流畅、用料及结构合理、比例尺寸合度等特点和朴素、大方的格调博得了世人的赞赏。进入清代以后，苏式家具开始趋向精雕细嵌、花纹图案向繁琐方向转变。苏式家具的大件器物常采用包镶做法，用杂木为骨架，外面粘贴硬木薄板。为节省来之不易的硬木良材，有不少苏式家具在不破坏外观整体美观功能的前提下，常在无关紧要或隐藏处用普通木材替代，如家具构造内穿带的用料等。这样做既节省了材料，又不破坏家具本身的整体效果。苏式家具包镶作法，费时费力，技术要求比较高，好的包镶家具，不经仔细观察和用手摸一摸，很难断定是包镶作法。包镶家具通常把接缝处理在棱角部位，而使家具表面木质纹理保持完整。现在宫中收藏的大批苏式家具，十之八九都有这种情况。而且明清两代的苏式家具都是如此。苏式家具大都油漆里，目的在于使穿带避免受潮，以保持面心不至变形，同时也有遮丑的作用。

精雕细嵌、惜料如金：苏式家具在装饰风格和制作技法上，形成了自己一套独特的表现手法，与清代中期流行的厚重凝华、用料粗硕、深浮雕、大手笔的广式家具相比，苏式家具以俊秀著称，苏式家具的镶嵌和雕刻大多用小块材料堆嵌，整板大面积雕刻成器的不多。常见的镶嵌材料多为各种玉石、各色彩石、象牙、螺钿、竹丝以及各种材质的木雕等。苏式家具在造型风格上有自己的一些特点，家具中有一种屏背椅，其特点就是没有扶手，只有屏式靠背的椅子，在屏背下部的两侧，有各种形式的站牙扶手加固。苏作官帽椅背板，整块板较少，大面积雕嵌也少，多是采用三段体的分段装饰，上部雕以小块纹饰，或嵌以小块石片、瓷片；中部有时雕，有时嵌；下部大多用亮脚。一块背板作三段处理，既省料，又显得小巧、轻便。在椅子靠背板的这一段中，常作小面积的装饰。如流传至今的苏式家具的坐椅中，就有许多是用小料拼接而成。在北京故宫博物院就藏有一件紫檀描金扶手椅，椅背及扶手边框两面起线，中间髹黑漆，描金蝙蝠及卷草纹。框内用短材拼接成拐子纹，描金杂宝纹。椅背正中雕“万”字纹，两面髹金漆。紫檀边、席心椅面。束腰较高，周匝绦环式围板，并以金漆描绘卷草、花卉。四直腿有云纹翅、回纹形，内翻马蹄。从造型上看，这件坐椅从靠背的拐子纹到扶手边框都是用短材拼接而成，可以说是惜料如金，是一件典型的清代苏式坐椅，

紫檀描金扶手椅

采用了镶嵌、描金等技法，图案鲜明、色彩艳丽，可谓精工细作。

装饰题材、丰富多样：总的来看，苏式家具的最大特点是造型上的轻与小和装饰上的简与秀。在装饰题材上，苏式家具多以历代名人画为稿，以松、竹、梅、山石、花鸟、风景以及各种神话故事为主。其次是传统纹饰，如：海水云龙、海水江崖、龙戏珠、龙凤呈祥等。折枝花卉亦很普遍，大多借其谐音寓意一句吉祥语。局部装饰花纹多以缠枝莲或缠枝牡丹为主，西洋花纹较为少见。一般情况下，苏式的缠枝莲与广式的西番莲，已成为区别苏式还是广式的一个特征。此外，苏式家具也常采用草龙、方花纹、灵芝纹等图案。

紫檀竹节纹扶手椅

三、江南地区的工艺技法进入清宫

江南地区人文荟萃，经济繁荣，工艺美术十分发达，吴中的艺人心灵手巧，对于工艺美术的传承有着渊厚的传统。“吴中绝技：陆之冈之治玉，鲍天成之治犀，周柱之治嵌镶，赵良璧之治梳，朱碧山之治金银，马勋、荷叶李之治扇，张寄修之治琴，范昆白之治三弦子，俱可上下百年，保无敌手。但其良工苦心，亦技艺之能事。至其厚薄浅深，浓淡疏密，适与后世赏鉴家之心力目力，针芥相投，是岂工匠之所能办乎？盖技也而乎道矣。”[4]

苏州地区的能工巧匠们由于其技艺高超，亦被皇家所看中。从明代起，就有优秀的匠师被选入宫廷，为帝王之家营造宫室，承办宫廷装修，如《万历野获编》记载：“嘉靖间，徐杲以木匠至工部尚书。当时在事诸公，亦有知其非者，以世宗眷之，不敢谏。然先固已有之。宣德初，有石匠陆祥者，直隶无锡人，以郑王之国，选工副以出，后升营缮所丞。擢工部主事，以至工部左侍郎。祥有母老病，至命光禄寺日给酒馔，且赐钞为养，尤为异数。正统间，有木匠蒯祥者，直隶吴县人，亦起营缮所丞，历工部左侍郎，食正二品俸，年八十四卒于位，赐祭葬有加。二人皆吴人为尤异。”[5] 又据《明宪宗纯皇帝实录》记载：“工部左侍郎蒯祥卒，祥直隶吴县人，以木工起，隶工部，精于其艺，自正统以来凡百营造，祥无不预积劳累，官营缮所丞太仆少卿、工部左右侍郎，食正二品俸，又以考满升俸一级。祥为人恭谨，详实虽处贵位，俭朴不改常，出入未尝乘肩舆，既老犹自执寻引指使，工作不衰，至是卒于位，年八十四，赐祭葬如例。”[6] 从以上文献可知，当时的木匠徐杲、蒯祥、石匠陆祥等，都以其技艺高超入职宫廷，甚至官居要位。

清代以后，苏州的工艺美术作品承明余绪，继续有所发展，“苏州专诸巷，琢玉雕金、镂木刻竹与夫髹漆装潢、像生针绣，咸类聚而列肆焉。其曰鬼工者，以显微镜烛之，方施刀错。其曰水盘者，以砂水涤滤，泯其痕纹。凡金银、琉璃、绮绣属，无不极其精巧，概之曰苏作。广东匠役，亦以巧施名，是以有‘广东匠、苏州样’之谚。”[7] 清代中叶，社会稳定，江南地区的经济得到了飞速发展，盛世天子乾隆皇帝有足够的雅兴六下江南，临幸江宁、苏州、扬州、镇江、杭州、海宁等地，广蠲赋税、阅视河工、加恩江南士绅、阅兵察吏、到江南名胜之地题字赋诗，随着乾隆皇帝六下江南，江南地区的工艺美术作品也随之流传到了清宫大内，江南地区的竹刻、玉工等工匠及工艺作品大量进入清宫，内务府造办处里汇集了来自江南地区的工匠，这些工匠称为“南匠”，这其中江南地区的能工巧匠们把他们的工艺技法带进了清宫，巧妙地与家具制作相结合，形成了清代宫中苏式风格的家具。

清宫造办处有许多制造修理各项活计的匠役，从内务府档案上看，匠役的来源有三，除从三旗佐领内挑选的家内匠役外，还有南方省份的督抚、海关监督、三织造等奉敕荐送来内务府有关作坊效力的南匠及从民间招募的匠人。南匠负责的工种主要是玉饰、牙雕、画珐琅、制玻璃，做楠木家具及饰品等方面。

清朝治统者为了满足宫廷需要，遂以较优厚的待遇来吸引南匠。当时由各方面征调招募而来的苏州地区的南匠，大体上都是当时各有关手工行业中的顶尖人才。南匠的生活待遇比旗下服役工匠为高，除在原籍已领安家等费，有些地方长官还每年另发赡养费、年节赏金。有些南匠因工作出色，受到特殊优待，如乾隆三年（公元 1738 年）十二月，牙匠封岐告假回籍葬亲并接家眷，奉旨“着赏给封岐银三十两，准给假四个月，往返路费俱着织造海保料理”。

再如乾隆六年（公元 1741 年）八月“发用银档”记载清宫内务府造办处制作万字书格及紫檀木匣，给南匠赏银颇丰：“万字书格并紫檀木匣，用招募南木匠汪元做过三十工，领工饭食七分六十七领银二两一钱。”[8]

乾隆六年十月“发用银档”记载，“初八日各作为领十月分南匠钱粮：陈祖章每月用银十二两，顾继成等三名每名银十两，用银三十两。封岐等九名每名银八两，用银七十二两。

沈源等十八名每名银六两，用银一百八两，邹文玉每月用银五两。汤褚刚等三十二名每名银四两，用银一百二十八两。黄福等九名，每名银三两，用银二十七两。姚宗仁每月用银十三两。周岳等三名，每名银十两三钱三分，用银三十两九钱九分。汤振基等四名，每名银八两六钱六分，用银三十四两六钱四分。右义每月用银十两。俞君万每月用银七两。陈修武等五名，每名银六两，用银三十两。林彩等五名每名银三两，用银十五两。”[9]

从清代文人的笔记里，也可以看出江南地区优秀的工艺作品进入清宫，深受帝王青睐的这段史实。如清中期文人钱泳所著《履园丛话》记载：“雕工随处有之，宁国、徽州、苏州最盛，亦最巧。乾隆中，高宗皇帝六次南巡，江、浙各处名胜俱造行宫，俱列陈设，所雕象牙紫檀花梨屏座，并铜磁玉器架垫，有龙凤水云汉纹雷纹洋花洋莲之奇，至每件有费千百工者，自此雕工日益盛云……竹刻，嘉定人最精，其法始于朱鹤祖孙父子，与古铜玉、宋磁诸器并重，亦以入贡内府。近时工此技者虽多，较前人所制，有霄壤之分矣。”[10]从这段文献记载可知，江南地区的雕工工艺精湛，牙雕木雕作品陈设在清高宗南巡的行宫之中，江南竹刻名匠的竹刻作品作为贡物进入宫内，深受帝王喜爱。

同时该书还记载了一位名叫杜士元的江南雕刻名家因其手艺高超被招入宫，最后不堪忍受等级森严的禁宫大内束缚，装疯卖傻，逃出宫闱的趣闻。“乾隆初年，吴郡有杜士元号为鬼工，能将橄榄核或桃核雕刻成舟，作东坡游赤壁，一方篷快船，两面窗槅，桅杆两，橹头稍篷及柁篙帆樯毕具，俱能移动。舟中坐三人，其巾袍而髯者为东坡先生，著禅衣冠坐而若对谈者为佛印，旁有手持洞箫启窗外望者则相从之客也。船头上有童子持扇烹茶，旁置一小盘，盘中安茶杯三盏。舟师三人，两坐一卧，细逾毛发。每成一舟，好事者争相购得，值白金五十两。然士元好酒，终年游宕，不肯轻易出手，惟贫困极时始能镂刻，如暖衣饱食，虽以千金，不能致也。高宗闻其名，召至启祥宫，赏赐金帛甚厚，辄以换酒。士元在禁垣中，终日闷闷，欲出不可。忽诈痴逸入圆明园，将园中紫竹伐一枝，去头尾而为洞箫，吹于一大松顶上。守卫者大惊，具以状奏。高宗曰：'想此人疯矣。'命出之。自此回吴，好饮如故。余幼时识一段翁者，犹及见之，为余详述如此。余尝见士元制一象牙臂搁，刻十八罗汉渡海图，数寸间有山海、树木、岛屿、波涛掀动翻天之势，真鬼工也。"[11] 这段文字虽说是在记述杜士元手艺高超，但是也从另一方面证明，当时清宫大内汇集了来自江南地区的各类优秀工匠为皇室之家打造家具器物的史实。

四、清代皇家园林里的苏式家具

清代统治者入关，定鼎燕京，政权逐渐稳定之后，统治者开始追求穷奢极欲的享乐生活。其中一项便是在京城内外大量修建皇家园林。自清康熙二十九年（公元 1690 年）正式营建畅春园起，清代皇家耗费了大量财力、人力、物力，兴建了京西的香山、玉泉山和万寿山等三山以及依三山而建的静明园、静宜园、清漪园及其附近的畅春园、圆明园等著名"五园"（俗称三山五园，其实清代皇家园林并不止三山五园），经康熙、雍正、乾隆等几代帝王的精心营造和扩建，到乾隆时期，"三山五园"兴建达到了极盛期。康熙皇帝在位期间，六下江南，饱览了江南的青山秀水，而清代乾隆帝在位期间，从乾隆十六年至四十五年（公元 1751~1780 年），六下江南，足迹遍及江浙等地，对于小桥流水、极富山水写意的江南园林情有独钟。当时正是清代的乾隆“盛世”时期，随着生产力的提高，经济有很大发展，造园之风大兴一时。江南园林也进入了成熟阶段，江南私家园林的情景交融，精巧雅致，小中见大，步移景异的地方特点和造园艺术创作的境界和手法等方面也都胜过了以规模宏大、庄严瑰丽、雄伟壮观为特点的皇家园林，受到了乾隆的羡慕和赞赏。乾隆在南巡期间就曾对侍臣们讲：“扬州盐商……拥有厚资，其居室园囿，无不华丽崇焕”。乾隆南巡除了政治活动之外，便是到各地游山玩水卜观花赏景，“上有天堂，下有苏杭”的江南园林，对自称是“山水之乐不能忘于怀”的乾隆，更是耿耿于怀。江南园林的造园风格深深影响了乾隆皇帝的园林审美观，他把江南园林的造园风格也搬到了京师，比如圆明三园中先后建有仿海宁陈氏园的安澜园、仿江宁瞻园的如园、仿扬州趣园的鉴园，清漪园园中建有仿无锡寄畅园的惠山园（后改称谐趣园）。

乾隆帝对苏州狮子林最为喜爱，乾隆三十六年（公元 1771 年）四月曾经下旨让苏州织造舒文将“苏州狮子林房间亭座山石河池全图按五分一尺烫样送京呈览，连狮子林寺亦烫样在内，照样不可遗漏。”然后在长春园和避暑山庄各仿建了一座狮子林。这两座狮子林的布局与原型十分相似，均采用“匚”形水池，西岸裁为直线，堂、楼、轩、榭、亭、桥等主要建筑基本与苏州狮子林一一对应，甚至开间数也大体一致。苏州狮子林以假山取胜，御苑中的两处写仿之作也刻意追随，假山的位置和形态都大致相同，成为原型的最佳翻版。

位于京师天子脚下的三山五园有着与江南园林相类似的景观，园林里面的装修也大量采用了江南地区的风格，这些园林建好之后，必然要配备与之相匹配的宫廷家具，苏式风格的清宫家具大量进入这些皇帝园林和行宫之中，成为当时紫禁城和依山傍水的三山五园皇家园林里的重要点缀。

在清宫内务府活计档中，有关清宫园林里面苏式风格的家具记载比比皆是：

雍正九年（公元 1731 年）三月十七日内务府造办处档案记载："福园首领太监王进朝交来花梨木条桌一张，竹节式挂屏一件……说园内太监总管王进玉传：着应收拾处收拾。钦此。"[12] 如乾隆八年（公元 1730 年）十二月十六日，"副催总达子来说太监胡世杰交楠木镶黄杨木牙子香几炕案一张，传旨着照样成做炕案一张，钦此。于乾隆九年正月十八日司库白世秀将楠木镶黄杨木牙子香几炕案一张，照样做得炕案一张持进交太监胡世杰呈进讫。"[13] 竹节式挂屏这种仿自然竹节纹的造型以及楠木镶黄杨木的做法都是清代苏式家具特有的风格。

雍正七年（公元 1729 年）各作成活计清档"记事录"记载，该年"十月二十五日太监张玉柱常贵交来绣坐褥全分，刻丝坐褥全分，斑竹大号书架二对（随班竹架），斑竹中号书架二回，斑竹坐几十二张，斑竹炉罩二十个，波罗漆都盛盘四件，斑竹中号书桌二张，传旨着送至圆明园交园内总管太监收贮将此坐褥有陈设处陈设，其余等件俟朕往圆明园去时请旨钦此。"[14]

雍正十年（公元 1728 年）六月二十七日"记事录"记载："据圆明园来帖内称，本日内大臣海望奉上谕旨，着传与年希尧将长一尺八寸至二尺，宽九寸至一尺，高一尺一寸至一尺三寸香几做些来，或彩漆或镶斑竹，或做洋漆，但胎骨要轻妙，款式要文雅，再将长三尺至三尺四寸，宽九寸至一尺，高九寸至一尺小炕案做些，亦或做彩漆或镶斑竹或镶棕竹但胎骨要淳厚，款式亦要文雅，钦此。”[15]

乾隆四年（公元1727年）四月初九日，“苏州织造”：“七品首领萨木哈，催总白世秀来说，太监毛团传指着海保用湘妃竹做戏台上用的桌子四张，椅子八张，钦此。于本日随交织造海保家人六十五讫。”[16]

同治十二年（公元1873年）九月至同治十三年二月，旨意档：“同治十二年十二月二十一日，召进天地一家春改装修二槽，窗罩松、竹、梅三个，添月牙桌一张，绿万字黄地下城各样桌张大柜共八张画样，罗汉床梅花天然式宝座二分，琴桌一张，梅花树式竹式围屏三分……召见贵，自行路勘惠风亭。天然紫檀座带三峰山石，绿竹子二三竿，下水仙，背后生梅花树二棵，玉梅花中间不连络，树往下罩，宝座系梅花自然式样，足踏、琴桌各一张，俱自然梅花式，著另烫一分，明日进呈。”[17]这段记载真实地反映了当时圆明园内天地一家春里的家具陈设，仿自然花草的松竹梅的窗罩，以及罗汉床梅花天然宝座，以及梅花树式竹式围屏、自然梅花式的足踏、琴桌都是浓郁的江南风格的家具。

另外据嘉庆四年（公元1798年）查得圆明园内库贮器皿的清单记载，从乾隆末年至嘉庆初年，圆明园内收存有不少苏式风格的包镶家具及构件，“自乾隆五十八年（公元1793年）十二月起，至嘉庆三年（公元1799年）十一月底止境，五年期满，清查原存装修什物开列如下：……紫檀包镶床挂面四块，花梨木包镶床二张，楠木包镶床二张，紫檀包镶蘼架二件……楠木包镶柏木暖板床一张。”

从以上文献记载来看，清宫内务府造办处生产了大量具有苏式风格的家具，如一些模仿植物造型的家具，竹节式挂屏、斑竹书架、模仿自然植物如梅花天然式宝座、琴桌等，还有一些包镶的家具，如楠木镶黄杨木牙子香几等，都是具有明显苏作风格的家具，有些家具如湘妃竹桌椅直接发往苏州织造承做。这些苏式风格的家具很大一部分都用在了皇家苑囿之中。

关于苏式家具在清宫园林里面的陈设情况，我们也从北京故宫博物院所藏《雍亲王题书堂深居图》（又称雍正美人图）中看到，被认为绘于康熙朝晚期的这 12 幅屏风绢画，原来贴于圆明园内的深柳读书堂围屏上，这套图屏使用工笔重

雍正十二美人图

彩，表现出宫廷绘画雍容华贵的审美情趣和仕女画工整妍丽的艺术特色。画家在生动地刻画宫苑女子品茗、赏蝶、观书、鉴古等闲适生活的情景同时，还以写实的手法逼真地再现了清代园林里面的家具陈设，使我们看到了漆器家具和竹家具在内府使用的真实情景，如图中的这位仕女倚坐在斑竹靠背椅上，面前摆着一张造型端秀的黑漆描金小长桌，其后侧为错落有致的多宝格，从画面里面的家具陈设看，似乎就是江南地区生产的苏式家具，或者是宫廷仿制的苏式家具，透过画面里的家具映衬出仕女博古雅玩的闺中情趣。

综上所述可以看出，清代的宫廷家具并非闭门造车之作，而是融汇了各地的优秀家具风格。而其中大量的苏式风格的家具充斥在紫禁城内及皇家园林中，它们造型纤秀、精工细做，在做法上多采用包镶工艺，惜料如金，在装饰上模仿松竹梅等自然山水花草，灵韵生动，这些家具多布置在紫禁城内和与江南园林相近似的三山五园、行宫苑囿中，成为清代宫廷家具的重要组成部分。

[1] 钱穆 . 国史大纲：第三版 [M] . 北京：商务印书馆，1996（6）：865.

[2]（明）王锜 . 寓圃杂记：卷五 [Z]. 北京：中华书局出版社，1984（6）.

[3]（明）顾炎武 . 肇域志 [Z]. 上海：上海古籍出版社 2004（4）：262.

[4]（清）张岱 . 陶庵梦忆：卷一 [Z]. 南京：凤凰出版社，2000（8）.

[5]（明）沈德符 . 万历野获编：卷十九 [Z]. 北京：中华书局出版社，1959（2）：485.

[6] 明实录 [Z]. 台北：台湾中央研究院历史语言研究所，1962.

[7]（清）纳兰常安 . 受宜堂宦游笔记：卷十八 [Z]. 清乾隆 11 年刻本 .

[8] 中国第一历史档案馆，香港中文大学文物馆 . 清宫内务府造办处档案总汇：第十一册 [Z]. 北京：北京出版社，2005（11）：396.

[9] 中国第一历史档案馆，香港中文大学文物馆 . 清宫内务府造办处档案总汇：第十一册 [Z]. 北京：北京出版社，2005（11）：405.

[10]（清）钱泳 . 履园丛话：卷十二 [Z]. 北京：中华书局出版社，1979（12）：325 .

[11]（清）钱泳 . 履园丛话：卷十二 [Z]. 北京：中华书局出版社，1979（12）：325 .

[12] 中国第一历史档案馆 . 清代档案史料—圆明园 [Z]. 上海 : 上海古籍出版，1991：1224.

[13] 中国第一历史档案馆，香港中文大学文物馆 . 清宫内务府造办处档案总汇：第十一册 [Z]. 北京：北京出版社，2005（11）：446.

[14] 中国第一历史档案馆，香港中文大学文物馆 . 清宫内务府造办处档案总汇：第四册 [Z]. 北京：北京出版社，2005（11）：201.

[15] 中国第一历史档案馆，香港中文大学文物馆 . 清宫内务府造办处档案总汇：第五册 [Z]. 北京：北京出版社，2005（11）：274.

[16] 中国第一历史档案馆，香港中文大学文物馆 . 清宫内务府造办处档案总汇：第九册 [Z]. 北京：北京出版社，2005（11）：91.

[17] 中国第一历史档案馆 . 清代档案史料—圆明园 [Z]. 上海 : 上海古籍出版，1991：1139.

乾隆时期宫廷家具的嵌玉装饰述论

清代是中国传统家具发展的顶峰时期，而清代宫廷家具在清代家具中占有着重要的地位。清中期乾隆在位期间，清代宫廷家具的生产制作达到了登峰造极的地步，在宫廷家具上崇尚雕繁刻复，工不厌精，料不厌细，并广泛借鉴其他工艺美术作品的成就，其中嵌玉家具留下了浓墨重彩的一页。本文通过对乾隆时期宫廷嵌玉家具产生的历史背景分析以及对传世的嵌玉家具的品鉴点评，可以看出嵌玉家具不仅是作为清宫家具的一种重要的装饰手法，更是乾隆帝雅好古风、以玉载德思想的重要体现。

一、乾隆时期的宫廷家具装饰风格

清代是中国家具发展的高峰期，清代家具在清初仍基本上沿袭了明代家具的风格，而到了雍正、乾隆时期，由于国力昌盛，经济及手工业的发展，再加之统治阶层好大喜功的心理极具膨胀，使清代家具呈现出“工不厌精，料不厌细”的风格，精雕细嵌、雕繁刻复的家具是整个清代家具流行的主流，能工巧匠们利用来自海外的珍贵木材，融会多种工艺美术的成果，尽情驰骋于斧凿之间，制作出了大量的家具精品。

清代家具流行在一件家具器物上镶嵌各种精美的装饰物的做法，尤其是宫廷家具，更是极尽工巧之能事，其中最有代表性的就是乾隆时期的宫廷家具。乾隆时期的宫廷家具已远远不只是满足统治者坐卧起居的最基本的生活需要，而是形成了“求多、求满、求富贵”的风格特点，家具制作用料奢靡，如在家具上嵌铜、嵌珐琅、嵌玉、嵌象牙等，以求达到新奇出彩的效果，正如田家青先生所说：“乾隆时期的家具，尤其是宫廷家具，具有两个显著特征：其一，不计功力用料，工艺精良达到了无以复加的程度，这一时期家具品种之多，式样变化之广，工艺水平之高，均已超过清朝其他历史时期，是清式家具的鼎盛年代，也是清式家具制作数量最多、工艺最精湛，品种最丰富的一个时期。因此，有理由认为，和其他工艺美术品一样，乾隆时期的家具，最富有“清式”风格，从某种意义上讲，是清式家具的代表。其二，装饰力求华丽，并注意与各种工艺品相结合，使用了金、银、玉石、珊瑚、象牙、珐琅器、百宝嵌等不同质地装饰材料，追求富丽堂皇。”[1]而在乾隆时期家具的装饰手法中，嵌玉家具是这一时期装饰手法中的重要组成部分。

二、良材美玉，合奏华彩——清宫制玉技术与家具的结合

玉在中国古代文化史上具有重要的地位。古时，国人以玉石具有高尚坚贞的品质，常以之比拟君子之德。许慎《说文解字·玉部》记载：“玉，石之美者，有五德。润泽以温，仁之方也；理自外，可以知中，义之方也；其声舒扬，专以远闻，智之方也；不挠而折，勇之方也；锐廉而不忮，洁之方也。”将玉之五德比拟为人的品德，赋予了玉器深刻的人文内涵，《礼记》也说：“君子无故，玉不去身。君子于玉比德焉。”[2]足见玉器在古人心目中的地位。根据出土的文物显示，远在新石器时代，中国人已掌握了雕琢硬玉的技术，在周代乃至更早的

时候，玉雕已有用作官位的象征；为应付王室在各种礼仪和祭祀时的需要，特设玉官，专司管理玉雕制作，古人亦喜以玉作为陪葬，同时在“礼天地四方”的同时更不可缺少玉制的礼器，其法为“以苍璧礼天，以黄琮礼地，以青圭礼东方，以赤璋礼南方，以白琥礼西方，以玄璜礼北方”。由于玉蕴含美好之质素，中国玉工曾对此“美石”殚精竭虑，将它雕琢成各种精美的艺术造型。中国历代的玉器制作，内容丰富，在中国美术史上，占有着重要的一页。玉器由新石器时代出现，以后迭经发展，到了明清之时，我国的玉雕技术达到了前所未有的顶峰时期。

清代以降，国力强盛，经济发展，从中原联络到西北边陲的玉路打通，大量优质的新疆和田玉、叶尔羌玉源源不断地流入内地，清代帝王对于玉器的迷恋大大超越前朝，尤其是在乾隆一朝，清高宗乾隆帝雅好文雅，追慕古人，一生酷爱书画及各类工艺美术品，对其精品，往往赋诗加以赞颂。在皇宫中收藏有大量书画、绘画、青铜、玉器精品，而在这些藏品中，乾隆皇帝对于玉器更是垂青有加。乾隆皇帝雅好古风，精于鉴考古玉，对于传世玉器的辨证伪制、淘伪存真上有着独到的见解并取得了一定的成就，在他的心目中对于我国传统的玉文化有着非同寻常的痴迷，在皇宫中不仅收藏有大量的传世古玉，乾隆皇帝还令内务府造办处、内廷如意馆生产制作了大量时玩玉器；与此同时，江南扬州、苏州等地能工巧匠生产的优质的玉雕制品也被作为贡物进入到了清宫。当时的苏州、扬州，均以生产品质极佳的玉雕器皿而闻名。扬州以雕刻大型玉雕为主，而苏州玉工则以小件玉雕玉佩饰。“苏州玉工用宝砂金刚钻造办仙佛、人物、禽兽、炉瓶、盘盂，备极《博古图》诸式。其碎者则镶嵌风屏、挂屏、插牌，谓

清高宗弘历是一是二图轴

之玉活计。最贵者大白件，次者为礼货，最下者谓之老儿货。”[3]清宫内务府造办处生产的玉器及扬州、苏州等地品质优佳的精美时玩玉器流入清宫，大大丰富了清宫藏玉的种类和数量。玉器种类涵盖了仿古的鼎、炉、尊、瓶、壶等陈设类以及朝珠、项圈、扳指、带钩、戒指等小件佩饰、册宝、人物雕像、大型陈设山子等。

清中期精雕细琢的宫廷玉器制作，与同时代标新立异的宫廷家具制作技术终于在乾隆时期的宫廷里相交了。清代的宫廷家具多为名贵硬木紫檀制作，与明式家具色泽柔和明艳的黄花梨木相比，清宫家具使用的紫檀木色调要深沉肃穆得多，以紫檀木制成的家具，如果不用色泽明快的玉料嵌件装饰，难免会有一种单调沉闷之感，而在以紫檀木制成的家具上，镶嵌洁白光润的玉质饰件，就会打破单纯的紫檀木质家具带来的沉寂之感，明暗对比、虚实相间的反差会产生悦人耳目的视觉效果。所以，在用玉石雕琢成各类单独器皿的同时，清宫内务造办处还秉承乾隆皇帝旨意，将玉雕技术与家具制作相结合，制作出一大批嵌玉家具。

据第一历史档案馆所存的清宫乾隆内务府造办处的活计

档案里记载，清宫内务府造办处曾制作了大量的嵌玉家具器物，如：

乾隆二年（公元1737年）："八月初五日，重华宫着做紫檀木抽长镶玉宝座一座，其镶嵌之玉用从前交出玉带板镶，先画样呈览，于八月十二日将嵌玉抽长紫檀木活腿宝座一座持进呈览。奉旨：碧玉不用，俱用白玉。"[4]

又：乾隆十八年（公元1753年）："六月初九日员外郎白世秀来说太监胡世杰交雕紫檀木小插屏一件（上嵌白玉玲珑长方表一块，白玉玲珑六角一块）。"[5]

乾隆二十五年（公元1760年）："七月初八日（如意馆）提得员外郎安泰、金辉押帖一件，内开本月初二日太监胡世杰交嵌汉玉三块紫檀木雕龙凤龟麟如意一柄，背面贴隶字本文一张，计字十二字，传旨着如意馆做银片字金宝钦此。"[6]

又乾隆二十六年（公元1761年，匣裱作）记载有乾隆帝亲下谕旨，对嵌玉插屏的制作进行详细指导："乾隆二十六年十二月初三日，郎中白世秀员外郎寅着来说太监胡世杰交汉玉乳丁璧一件（随座），传旨着配做插屏一件，要两面露玉，绦环内留诗堂刻字，旧座做材料用钦此……于十二月十五日郎中白世秀、员外郎寅着将汉玉乳丁元璧配得插屏样呈览，奉旨照样准做，钦此。于二十七年五月初四日，郎中白世秀员外郎寅着将汉玉乳丁元璧一件配得插屏持进交太监胡世杰呈进讫"[7]

又如乾隆二十八年（公元1763年）三月十五日（记事录）还有"郎中白世秀来说太监如意交黑漆嵌玉椅子四张"的记载。[8]

从以上记载可知，内务府造办处为清宫生产了大量的嵌玉家具器用，包括嵌玉插屏、嵌玉挂屏、嵌玉如意、嵌玉椅凳等，这批嵌玉家具，随着时间的推移多有流散，有些已湮没在历史的尘烟中不复存在，但还是有一些精品留存下来，现在收存在北京的故宫博物院、台北故宫博物院以及河北承德的避暑山庄等有限的几处地点，这些嵌玉家具器用多数为乾隆时期的精品，集中在宝座、香几、桌案、盒匣、屏风几种类型。它们无一不是工精料细、材美工巧的典范之作，代表了清代家具艺术的最高水准。

三、乾隆宫廷嵌玉家具装饰的风格特点

存世于今的乾隆宫廷嵌玉家具，多是采用玉石材料雕琢成各种人物、几何纹样、圆璧、瑞兽、花鸟等图案，镶嵌在椅凳桌案箱柜盒匣屏蔽类家具的表面，具体而言，主要表现为以下几种：

1. 在座椅的靠背扶手及腿足牙板上镶嵌玉饰件

紫檀嵌玉龙纹宝座：通体采用名贵的紫檀木制成，宝座为三屏式，靠背及两侧扶手边框上雕刻着清代中期颇为流行的拐子纹饰；靠背及扶手中心，则浮雕海水纹地，座面下有束腰，腿足甚为厚拙，足端为云纹外翻足，足下踩托泥。座前附有一只精美的脚踏。这件宝座最引人注目之处在于宝座的靠背及两侧扶手上镶嵌有和田白玉雕刻的正龙、火珠、夔龙拐子，束腰下亦嵌饰白玉团花、双蝠及彩石花叶，色泽洁白光润的和田白玉饰件与沉穆肃静的极品硬木紫檀相配，形成鲜明对比，灿然悦目，给这件精雕细刻的宝座更增添了一丝华贵堂皇之气。

2. 在墩凳类家具上镶上玉嵌件

紫檀嵌玉团花纹六方凳：此凳通体以紫檀木制成，凳面呈六方形，面心以紫檀木条拼接成横竖交错的“万”字锦纹，面心下方的束腰处镶嵌十二片长方形绿地卷草纹珐琅片，下

有莲纹托腮。鼓腿彭牙，卷云纹牙板。在其腿牙处镶嵌白玉团花、蝙蝠及草龙纹装饰，内翻马蹄，下承托泥。

3. 在文玩盒匣的立面或盖板上镶嵌精美的玉雕图案

紫檀嵌玉龙纹宝座

紫檀嵌玉团花纹六方凳

紫檀嵌玉“绮序罗芳”提箱：长 18 厘米，宽 13.5 厘米，高 24 厘米，通体紫檀木制，顶装提手，提箱正面的盖板上方嵌装着一块精致的青玉圆璧，玉璧上谷纹隐起，玉璧中孔挖缺填以紫檀团寿纹，盖板下方镌隶书“绮序罗芳”四字方形款，方款四周饰以连回纹，在使用时，提箱盖板可顺槽口向上抽拉而出，盖板打开后，可以看到内装十函花卉图。乾隆皇帝喜爱书画，对于历代传世的法书名画垂青有加。清宫内府庋藏了大量的法帖名画，而这些法帖名迹大部分被存贮在雕刻精致的硬木嵌玉包装盒匣内，良材、美玉、铭心绝品三位一体，犹如和珠隋璧共奏华彩。

紫檀嵌玉“绮序罗芳”提箱

4. 在屏风类家具的屏心上镶嵌雕饰精美的美玉

其法是将雕琢成各类图案、镌刻诗文的玉片或传世古玉璧、仿古玉璧镶嵌在硬木制成的屏风类家具的屏心中，屏风类的嵌玉饰件与前几类嵌玉家具相比，略有不同的地方是，前几类嵌玉家具的玉雕镶嵌在家具中，主要起到点缀陪衬的装饰作用，而这种嵌玉屏风类家具，屏心的玉雕多是雕饰精美的整片玉器或是传世玉璧和仿古时作玉璧，屏心上的玉雕是此类屏蔽类家具所要表达的主题。有的嵌玉屏风，还要在屏心的玉雕正面或背面镌刻上清高宗乾隆的御制诗，以示对所嵌玉器的重视。

紫檀嵌玉璧插屏：这是一件典型的以玉璧为表现主题的插屏。插屏除屏心外，通体以紫檀木制成，插屏正面的屏框上下左右对称地雕出回转的涡纹卷珠，屏心下方的绦环板上以一组如意云头纹为饰，披水牙子上亦雕出与屏框同出一辙的涡纹卷珠，屏框两端的抱鼓墩以活榫安上发髻上扬、目眦怒张、栩栩如生的蹲龙形象的站牙。此插屏匠意最深的地方并不在其繁复精美的雕刻，而在其插屏正中的玉璧上。插屏的屏心镶嵌着一块精美的圆形玉璧。这件玉璧起地浮刻出许多谷形的凸纹，排成密集成排的小乳钉，在古代这种玉璧称为“谷璧”。这种纹饰以是谷为文饰，象征谷芽，表明用谷类来长养百姓。清高崇弘历认为“谷璧”是“兆有年”“兆多粟”“庇荫嘉谷”之瑞。而在这件青玉谷璧的正中心又挖缺嵌上一小块紫檀木加填金漆的“三”字形圆木雕，在这个填漆的“三”字两侧环拱着两条夔龙，再外的圆周边框饰以一圈回纹。璧心中间的“三”字为古代周易八卦中象征“干”的符号，而“干”字符号两侧的龙纹，与这个代表“干”字寓意的“三”恰好组成“乾隆”的谐语。一块玉璧经过制作

紫檀嵌玉璧插屏

者的精心设计，竟被赋予了“处处见圣威”的深奥内涵，隐喻之中凸显匠巧工思。

嵌玉家具在清宫中的大量出现是与清高宗乾隆帝对于玉器的推崇分不开的，乾隆皇帝受宋以来文人“尚古”观念的影响，雅好古器，在复古思想的驱使下命人在各地搜罗传世古玉，庋藏宫中，同时还命工匠生产大量仿古玉器时玩，并将玉雕与日渐成熟的家具制作结合起来，制作了为数众多的嵌玉家具。清宫的嵌玉家具中，多是在家具上镶嵌花鸟、神兽、人物、文字、山水风景等玉雕饰件，此外还有为数可观的家具采用了镶嵌玉璧的做法。乾隆帝对于玉璧的喜爱达到了无以复加的地步，在清宫珍藏的乾隆时期的家具中时常能找到传世玉璧和时造仿古玉璧的镶嵌物。为何在清宫的家具中会出现大量的玉璧镶嵌呢？这还与玉璧的用途有关。古代的玉璧一般分为素璧和谷璧。素璧又称为苍璧。《周礼》有以“苍璧礼天”之说，古代帝王举行郊祀活动时，多以苍璧礼天，清代继承了这一古制，清史记载，大祀活动时使用的祀物即为“上帝苍璧”，但这种玉璧在清代制造的玉璧造型中所占的数量相对较少，较为多见的则为谷璧。古人认为谷璧与农业生产相关，五谷丰登天下安。中国古代是一个重农社会，农业种植是最重要的生产部门，封建统治者为了追求长治久安，十分重视农业生产，视农业为国之根本，形成“以农立国”的思想和重农的传统。谷璧本身寄托着人们祈求风调雨顺的祥瑞心理。清代帝王也追踵前朝，把农业生产放在首要位置，包括弘历在内，重农劝耕，不遗余力。他说：“帝王之政，莫要于爱民，而爱民之道，莫要于重农桑，此千古不易之常经也。”[9]“乾隆帝弘历认为，谷璧有‘兆有年’‘兆多粟’‘庇荫嘉谷’‘庇荫赞农功’之瑞”，[10]认为谷璧能带来岁稔年丰、嘉谷多粟之瑞。因此，也就不难理解在清宫的家具上出现了大量镶嵌玉雕的谷璧，这些玉雕谷璧并不只是起简单的装饰作用，更重要的还是在当时以农业经济为主导的封建社会里，乾隆皇帝重农思想在家具上的反映。

乾隆皇帝极度崇古好玉的思想甚至给清宫家具的装饰风格带来一定的影响，在清宫家具上出现了一些从古玉上借鉴过来的涡纹卷珠及玉璧形象的纹样，此类家具并不是在器物上镶嵌玉质嵌件，而是在硬木材质的家具上雕饰出仿玉的图案纹样。

乾隆时期的黄花梨玉璧纹圆凳：此圆凳以黄花梨木制成，凳面下方的束腰上雕饰着涡纹卷珠开光，鼓腿彭牙，在其牙板与腿子相交处雕刻出涡纹谷璧的仿玉璧形象，这种玉璧形

黄花梨玉璧纹圆凳 →

象以及源于古玉器上的卷珠涡纹，是清中期家具中较为流行的装饰纹样，广泛见于清宫的宝座、床榻、几案、椅凳、屏风上，它们也是清代宫廷家具的一个重要特征。

在内府收集的各类玉器中，乾隆帝还经常挑出一些古玉，让内侍清理尘垢之后，放在自己的面前，亲自评定出等级，还因此自诩有“善治之才”的理国之德，说：“不使良材屈伏沉沦，将其剪拂出幽，以扬王庭而佐治理。”把选玉、选人和治国平天下联系起来。而将精美绝伦的美玉镶嵌在优质硬木紫檀上，将温润光洁的美石“良玉”与沉穆大方凸显高贵之气的优质佳木相配，两种珍贵材料整合在一起，制成流光溢彩的嵌玉家具，更能折射出乾隆帝“不使良材屈伏沉沦”的心理，表达出乾隆皇帝知人善任、追求完美的理国之德，从另一个角度看，在与清代帝王起居生活密切相关的家具中大量出现的嵌玉装饰，同时也恰恰符合了古礼所提倡的“君

子无故，玉不去身，君子于玉比德焉”的思想。嵌玉家具是清宫家具的一个典型特色，是乾隆帝雅好古风、以玉载德思想的重要体现，温润光洁的玉料镶嵌在以极品硬木制成的家具上，恰似点睛之笔，给沉穆庄重的清宫家具赋予了一丝灵动之气和深刻的人文内涵，具有隽永的美感。

[1] 田家青 . 清代家具・概论 [M] . 香港：香港三联书店，1995（11）：29.

[2]（西汉）戴圣 . 礼记 [Z]. 北京：中国书店 1985（11）：173.

[3]（清）李斗 . 扬州画舫录：卷十七 [Z]. 北京：中华书局出版社，1960（4）：423.

[4] 田家青 . 明清家具鉴赏与研究 [M] . 北京：文物出版社，2003（9）：206—207.

[5] 中国第一历史档案馆，香港中文大学文物馆 . 清宫内务府造办处档案总汇：第十九册 [Z]. 北京：北京出版社，2005（11）：370—371.

[6] 中国第一历史档案馆，香港中文大学文物馆 . 清宫内务府造办处档案总汇：第二十五册 [Z]. 北京：北京出版社，2005（11）：509.

[7] 中国第一历史档案馆，香港中文大学文物馆 . 清宫内务府造办处档案总汇：第二十六册 [Z]. 北京：北京出版社，2005（11）：572.

[8] 中国第一历史档案馆，香港中文大学文物馆 . 清宫内务府造办处档案总汇：第二十八册 [Z]. 北京：北京出版社，2005（11）：5.

[9] 御制诗三集：卷六十八 [Z]. 乾隆三十三年 .

[10] 杨伯达 . 清乾隆帝玉器观 [J] . 故宫博物院院刊，1993（4）.

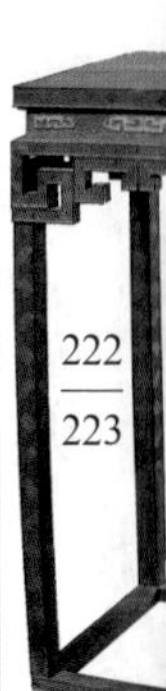

怡情翰墨、醉意诗书

——明代文人书房

今人收藏明清家具、文玩清供，面对的是一件件脱离了原有书斋环境的孤品，很容易落入重物质轻精神的窠臼。要想真正体验书斋文玩的魅力，还得回归到书房的环境之中。在“以文为业砚为田”的传统社会，书房是古代文人怡情翰墨、醉意诗书的精神乐园，尤其是明代文人书房，布局格调独具匠心。在“以文为业砚为田”的传统社会里，文人的生活充满着闲情雅趣。而书房作为中国古代文人宅第里必不可少的重要空间，成为文人怡情翰墨、醉意诗书、精神愉悦的乐园。与登高远游、泛舟湖上、饮酒狂舞等娱乐活动相比，在自己的静室雅斋里吟诗作画、抚琴待友、烹茶款客，与同好共赏自己多年搜集的历代典籍珍玩实在是充满静谧雅趣的消遣，它可以使人心畅神怡，乐在其中，在这个时候，文人雅士们会一扫平日奔波与应酬带来的疲劳，精神得到超脱，陶然心醉。

“室雅何需大，花香不在多”，中国古代文人无不重视书房的布置，尽管各自经济状况迥异，但皆讲究书房的高雅别致，营造出一种浓郁的文化氛围。在这个小天地里，可读书、可吟诗、可作画、可弹琴、可对弈……唐代刘禹锡虽只有一间简陋的书房，但“斯是陋室，惟吾德馨。苔痕上阶绿，草色入帘青。谈笑有鸿儒，往来无白丁。可以调素琴，阅金经，无丝竹之乱耳，无案牍之劳形”（《陋室铭》）。还有明代的归有光，在青少年时代曾斯守于一间极窄小的书斋，

黄应谌《陋室铭》图轴

名曰项脊轩，“室仅方丈，可容一人居”，作者却“借书满架，偃仰啸歌；冥然兀坐，万籁有声。而庭阶寂寂，小鸟时来啄食，人至不去。三五之夜，明月半墙，桂影斑驳，风移影动，珊珊可爱”（《项脊轩志》）。特别是到了明代中后期，随着社会经济的发展，市民阶层开始形成，其中文人士大夫成为市民阶层的主流，他们崇尚高雅，讲究品味，不仅长于绘事，而且对于书房的陈设布置格外重视，皆讲究书房的高雅别致，营造一种浓郁的文化氛围，在自己布置典雅的书房小天地里，追求着精神上的快乐与满足。

一、文人书斋，内外清雅

明代的文人书房里究竟具有哪些陈设呢？明代文人笔记里对于书房家具的陈设有着具体的记载，中国古人最讲究情趣与环境，翰墨丹青，写诗绘画，无不需要一个良好的环境，而中国古人的书房则是最适宜翰墨丹青、绘画吟诗的场所了。明代人对书房内外的环境要求很高，首先，书斋外的环境要极富有诗情画意，雅气十足，令人洗尽俗肠。古人对住宅的要求是："市声不入耳，俗轨不至门。客至共坐，青山当户，流水在左，辄谈世事，便当以大白浮之。"进入宅门内，则给人一种幽静雅趣的感觉："门内有径，径欲曲；径转有屏，屏欲小；屏进有阶，阶欲平；阶畔有花，花欲鲜；花外有墙，墙欲低；墙内有松，松欲古；松底有石，石欲怪；石后有亭，亭欲朴；亭后有竹，竹欲疏；竹尽有室，室欲幽。"最后，到了文人的书斋的内环境，高濂在《遵生八笺·起居安乐笺》里是这样描述他的书斋环境："书斋宜明静，不可太敞。明净可爽心神，宏敞则伤目力。窗外四壁，薜萝满墙，中列松桧盆景，或建兰一二，绕砌种以翠芸草令遍，茂则青葱郁然。旁置洗砚池一，更设盆池，近窗处，蓄金鲫五七头，以观天机活泼。"

二、书房家具，简而不繁

而书房室内的家具器玩陈设，最能体现文人的精神内涵，传统的明代书房陈设是："斋中长桌一，古砚一，旧古铜水注一，旧窑笔格一，斑竹笔筒一，旧窑笔洗一，糊斗一，水中丞一，铜石镇纸一。左置榻床一，榻下滚凳一，床头小几一，上置古铜花尊，或哥窑定瓶一，花时则插花盈瓶，以集香气，闲时置蒲石于上，收朝露以清目。或置鼎炉一，用烧印篆清香。冬置暖砚炉上。壁间挂古琴一，中置几，如吴中云林几式最佳。壁间悬画一，书室中画惟二品，山水为上，花木次，鸟兽人物不与也……上奉乌斯藏佛一，或倭漆龛，或花梨木龛居之。否则用小石盆一……几置炉一，花瓶一，匙箸瓶一，香盒一……壁间当可处悬壁瓶，四时插花，坐列吴兴笋凳六，禅椅一，拂尘、搔背，棕帚各一。竹铁如意一。右列书格一，上置周易……备览书，书室中所当置者：画卷……各若干轴，用以充架。”此处谈到书架上陈设的书籍，应大多为禅宗道学和医药本草等有关养生之道的书策，此外，还应有一些传世法帖。作者最后讲道：“此皆山人适志备览，书室中所当置者。画卷旧人山水、人物、花鸟，或名贤墨迹，各若干轴，用以充架。斋中永日据席，无事扰心，阅此自乐，逍遥余岁，以终天年。此真受用，清福无虚，高斋者得观此妙。”综上所述，明代文人士大夫的书房里的陈设极为讲究，有几、桌、椅、屏帷、笔砚文具、琴、书几样，稍为风雅一些的会增加前代法书名帖，及一些古董时玩，这些元素构成了别具特色的明代文人书房。

如这幅仇英的《临宋人画轴》就展示了一个并不奢华却意境别致的明代文人书房。画面中心一屏一榻，屏是独扇的山水插屏，榻上坐一个文人，脚下是一个脚踏；床右侧置一靠几，既可靠在身后，又可搭放脚足。画面右侧的书案、绣墩显然并非名贵木材制成，但案上书卷琴棋整齐有序。床榻旁站一童子，手持注子向盏中注酒。酒盏边除了果盘之外，又设砚台一方。画面左下角是一个茶炉，纱罩下放着饮茶用

临宋人画轴

的托盏。明代文人书房中通常少不了两样东西，一是琴，因为要携琴访友；一是茶炉，讲究烹茶待客。

三、明式家具与明代文人室内陈设

明代书房的家具陈设是与明代社会经济发展，家具制作技艺的提高密不可分的。明朝（公元 1368 年 ~1644 年）是中国家具发展的顶峰时期，特别是到了嘉靖以后，商品经济生产迅猛发展，民居、园林的大肆兴建，海外贸易的往来和科技书籍的不断涌现，促使家具的发展达到了一个高峰。在经济发展、城镇繁荣的基础上，社会财富急剧增长，追求享乐、竞尚奢华的风气流行，而手工业的发展又给人们带来前所未有的便利和享受。当时社会文化消费的增长很快，各种文化风俗活动的盛况均超出前代。王士性《广志绎》也讲道：“姑苏人聪慧好古，亦善仿古法为之……又如斋头清玩，几案床榻，近皆以紫檀花梨为尚。尚古朴不尚雕镂。即物有雕镂，亦皆商、周、秦汉之式。海内僻远，皆效尤之，此亦嘉、隆、万三朝，始盛。”明代家具在发展的过程中，形成了自己独特的艺术风格。特别是对于从明中期开始流行的硬木家具，有不少人进行过探讨和总结。例如，沈津为《长物志》写序说：“几榻有变，器具有式，位置有定，贵其精而便，简而裁，巧而自然也。”这是对文人居室陈设的评价，也表达了当时社会的审美观念。而通过现存文献和大量的实物资料，我们还可以看到，在明代有一大批文人也热衷于家具工艺的研究和家具审美的探求。现今流传下来的不少明代著作，如曹昭的《格古要论》、文震亨的《长物志》、高濂所著的《遵生八笺》等书籍，都不同程度地探讨了家具的风格与审美。这些文化名人思想活跃，崇尚自然，讲究“精雅”，对于起居坐卧之具亦颇多关注，有的甚至亲操斧斤，设计家具，给明式家具注入了闲适淡雅、随遇而安的文人审美内涵，明式家具成为明代文人书室雅斋最重要的陈设。下面试举几例加以说明：

官帽椅是指椅子上端的横档造型微微起翘而当中略微高出，略似戏曲中的官帽形状而得名，一般将搭脑左右与扶手前端均出挑的称“四出头官帽椅”，而搭脑左右与扶手不出挑的造型样式称“南官帽椅”。

黄花梨四出头官帽椅：明代，高 107 厘米，长 57 厘米，宽 43 厘米，搭脑两端微翘，靠背板略微向后弯曲。扶手与鹅脖均为弯材，相交处饰有角牙。座面藤屉。座面下饰直牙条。腿间管脚枨为前后低两端高，与步步高管脚枨同为明代常见样式。这件坐椅因外形与廓酷似古代官员的帽子故而得名。搭脑与扶手出头，称“四出头官帽椅”，这类座椅多在北方流行，又称“北官帽椅”，此椅通体光素，以做工精细、线条简洁取胜，为明式官帽椅典型风格。

黄花梨四出头官帽椅

黄花梨带滚轴束腰脚踏：这件脚踏通体采用黄花梨木制成，踏面长方形，在踏面之上安有两个滚轴，把脚放在滚轴上面，可以按摩足心的涌泉穴。

黄花梨带滚轴束腰脚踏

有束腰禅凳：这张禅凳长 71 厘米，宽 40 厘米，高 71 厘米，为软屉屉面，可以供人舒服地盘坐于上，三弯腿，内翻马蹄足，其强而有力的腿优雅地立于瓶形小足之上。

有束腰禅凳

紫檀如意云头纹大画案：案面长方平直，案下有束腰。腿足向外弯后又向内兜转，与鼓腿彭牙相仿，两侧足下有托泥相连，托泥中部向上翻出灵芝纹云头，除桌面外通体雕饰灵芝纹，朵朵大小相间，丰腴圆润。是深受文人喜爱的书房家具。

紫檀如意云头纹大画案

山水花卉纹嵌螺钿加金银片黑漆几：长 32 厘米，宽 17.5 厘米，高 13 厘米。此几木胎，几面长方委角，面下有束腰，直牙条，鼓腿彭牙，下踩罗锅枨式的托泥。小几通体髹黑漆，又在黑漆地子上嵌以螺甸片，如在几面嵌以螺甸山水纹，又在束腰及牙子的开光中嵌饰各色花纹，而开光外侧的锦纹又以金片压心，使花卉与锦纹对比更加分明。这件小几同时采用髹黑漆、嵌螺片及锦纹上压金片的做法，可谓“工精料细”，不同质地色泽的螺片、金片与基调沉穆的黑漆地子搭配，强烈的反差恰恰形成珠玉之配的视觉效果，有一种富丽典雅之感，再加之小几造型疏朗简洁，使这件小型家具又增添了一丝灵秀可人的神韵。

山水花卉纹嵌螺钿加金银片黑漆几

绣墩又名鼓墩或坐墩，是我国古代一种常用的坐具，因其上面常覆盖一方丝绣之物而得名，可用草、藤、木、漆木、瓷、石等材质制成，造型也多种多样。今天我们从传世的唐宋时期绘画中常常可以看到，在文人士大夫簿书之余、往来酬唱的休闲场合中，会出现这样的场景，几个文人雅士坐于绣墩之上，围桌畅饮，谈笑风生，挥毫泼墨，怡情自乐。可见，绣墩一直是那时候的居家必备坐具，大多数时候在与相知甚笃的友人交往的非正式场合中使用。

《红楼梦》第三十八回“林潇湘魁夺菊花诗 薛蘅芜讽和螃蟹咏”里有这样一段描写：贾母与湘云、宝钗、林黛玉等众姐妹在大观园里品酒吟诗，“林黛玉因不大吃酒，又不吃螃蟹，自令人掇了一个绣墩，倚栏杆坐着，拿着钓竿钓鱼。”可见，绣墩是一种无靠背坐具，不须依靠，哪里需要就放在哪里，十分方便。明清以来采用紫檀木制成的绣墩，长期以来就被视为极为珍贵的文物。紫檀绣墩的较早形式是器身开光，两端小中间略大，吸收了古代花鼓的特点，在上下两头各做出弦纹一道，雕出象征鼓钉的钉帽，既美观又简单。这类坐具大多体型较小，占地面积不大，宜陈设在小巧精致的房间，腔壁的四周或为素面，或装饰有各种图案。

黄花梨嵌瘿木心坐墩：座面嵌圆形瘿木心，墩身两端各雕一道弦纹，一周鼓钉纹。四腿以插肩榫连接座面及底托。四腿间饰仿竹藤制品的弧形圈，显得颇为别致，装饰无多却恰到好处。

黄花梨嵌瘿木心坐墩

黄花梨十字栏杆架格：明代，宽100厘米，进深50.4厘米，通高198厘米。书格亦称“架格”，其基本形式是以立木为四足，取横板将空间分隔成若干层，层板左右或设栏杆，或安券口，有的后面设有背板，有的在中间安设抽屉，其式样多变，不拘一格。横板之上，既可放置书籍，亦可兼放他物点缀，随意而摆。

此书格通体以颜色清新淡雅的黄花梨木制成，造型简练明快，意趣盎然，给人以耳目一新之感。此架格主体构件采用方材，架格共分四层，均为四面全敞式，每一层的左、右、后三面设十字纹矮栏杆，栏杆用短材攒斗成十字和空心十字相间的纹样，榫卯紧密，做工精致，比例适度，棱角分明，

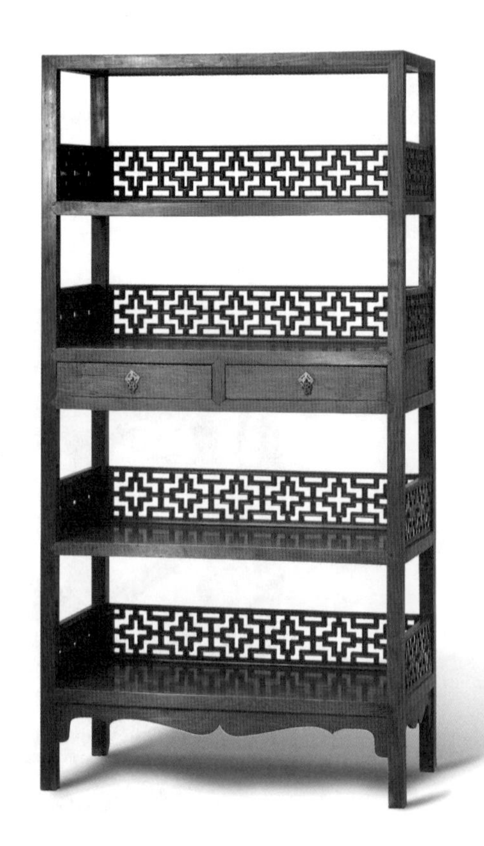

黄花梨十字栏杆架格

予人一种凝重中见挺拔的感觉。第二层横板下设有两个抽屉，抽屉面光素，与腿及横挡齐平，屉面设白铜吊牌，是点睛之笔。值得一提的是，此书格最下层足间并未采用与整体以直线为主调相楷的直牙头牙板，而是采用了以为特征的线条柔婉的壶门形弧线牙板。这种曲线优美的壶门牙子与格架上层直线为主的牙子恰成互为呼应的效果，给人一种静中有动、不落俗套的感触，有锦上添花之美。

这件家具做工精致，造型简洁明快，手法新颖，装饰无多却恰到好处，可谓多一笔则繁缛，少一笔则寡味，颇有“素面朝天”的自然美感，是一件明式家具的典范之作。

四、画里画外：乾隆也爱明式书房

“室雅何需大，花香不在多。”在明代文人手中，书房变成了一个兼及修身、怡情和养生的美好天地。明代文人书房的传统一直延续到清代。清代文人书房布局略微繁琐，但和明代文人书房保持了一种延续性。上文提到仇英的《临宋

《弘历是一是二图轴》（也称《弘历鉴古图》）➔

人画轴》中，屏风的一边挂有一轴人物像，是图中主人公的写真，与主人公形成一高一低、神情如一的“二我”像。清代乾隆帝大约很欣赏其中的文人雅趣，命宫廷画家以乾隆为模特儿绘制了一幅相似的作品，画中文士变成了方巾道袍的帝王。乾隆题词“是一是二，不即不离；儒可墨可，何虑何思”，这就是《弘历是一是二图轴》（也称《弘历鉴古图》）。

与仇英作品相比，《弘历是一是二图轴》中的陈设细节有了不小的变化。画中，乾隆帝坐在一个罗汉床上，身后屏风上的《汀洲芦雁图》换作了一幅“四王”风格的山水，靠儿换成了如意；纱罩下饮茶用的托盏，变成了玉璧和青铜觚。

仇英《西园雅集图》→

原图平视的视角也变成了微微的仰视，前朝文士风流逸趣的书房，摇身变作堂皇富丽的宫廷书斋。但是，房中家具摆放的总体格局没有变化，只是画屏对面的小盆景因为视角的关系，湮没在珍稀古董的光芒之中。

明代文人雅士的书房，突出特点就是以文房清玩为点缀，明式家具陈列其间，烘托出和平、安宁、幽静的气氛，反映出明代文人所追求的一种与世无争、悠闲安逸的生活状态，即所谓“宁为宇宙闲吟客，怕作乾坤窃禄人”。书斋平时洁净幽雅，须尘无染。文人雅士在这个属于自己的小天地里，闲倚床榻览古籍，挥毫泼墨绘丹青，或约上三五同好，齐聚雅斋，摩挲古鼎，品鉴古画，或抚琴弹奏清曲一首，逍遥自乐，以终天岁，不虚此生。

清代宫廷陈设浅论

清代是中国最后一个封建王朝，而紫禁城作为九五之尊的帝王宫殿，有九位帝王在此起居生活，处理朝政，紫禁城内的宫室陈设与空间布局无一不彰显皇家的风格特点。

清代的紫禁城分为外朝和内廷两部分，这些场所由于使用功能不同，其内部空间陈设也各有特色。

一、三大殿陈设：空阔壮观

紫禁城的外朝部分，是清代帝王举办政务、举行朝会的场所。以坐落在紫禁城中轴线上的三大殿和左辅右弼的文华、武英殿为主体，再包括沿墙南缘的办事机构内阁以及档案馆、銮仪卫等大库。而其中三大殿，太和殿、中和殿、保和殿，占据了紫禁城中最主要的空间，在建筑设计和殿内陈设布局上，以其宏伟的规模，威严的气势取胜。

太和殿在明初称奉天殿，嘉靖年间改称皇极殿，清初才改为今名太和殿。太和殿是紫禁城内最重要的殿堂，也是中国木结构古建筑中规格、体制和等级最高的建筑。

太和殿殿高十一丈（实测是 35 米），殿顶为重檐庑殿式。殿宽 60 米，开间原为 9 间，康熙年间改为 11 间，进深 30.3 米，为 5 间，是明清时期所有宫殿建筑中最大的一座。殿内面积 2370 多平方千米。它的内外装修极为豪华。外梁、楣都是贴金双龙和玺彩画，宝座上方是金漆蟠龙藻井，靠近宝座的六

太和殿

根沥粉蟠龙金柱，直抵殿顶，上下左右连成一片，金光灿烂，极尽豪华。

殿内安有宝座台基，台基为七级台阶，金漆木雕龙纹宝座高踞在七层台阶的座基上，宝座后面背倚雕龙髹漆屏风，宝座左右两侧陈设有太平有象高香几、甪端香几，宝座前面丹陛的左右还有四个香几，香几上有三足香炉。当皇帝升殿时，炉内焚起檀香，香筒内插藏香，于是金銮殿内香烟缭绕，颇显肃穆凝重，在殿内东西墙两侧还陈设有紫檀雕龙顶箱大柜。

太和殿是明清两代举行朝政大典的主要活动中心，明清两朝盛大的典礼都在这里举行，主要包括皇帝即位，皇帝大婚，册立皇后，命将出征，以及每年元旦、冬至和皇帝生日三大节等典礼，皇帝在这接受文武百官朝贺并赐宴等，但平时太和殿是不使用的。

位于太和殿后的中和殿是皇帝临太和殿大典前暂坐之处，中和殿在明代又称华盖殿，嘉靖年间称中极殿，清初称中和殿，是正方形宫殿。在大典中它是为太和殿的正式活动做准备的地方。此外，明、清两朝皇帝，每年春季祭先农坛、行亲耕礼，在祭祀之和亲耕之前，要在中和殿阅视祭祀用的写有祭文的祝版和亲耕时用的农具。祭祀地坛、太庙、社稷坛的祝版也在这里阅视。另外在给皇太后上徽号时，皇帝要在此阅奏书。清朝规定每十年纂修一次皇室的谱系——玉牒，每次修好，进呈给皇帝审阅时举行比较隆重的仪式，也在中和殿进行。

中和殿内高悬的匾额上，是乾隆皇帝的御书：“允执厥中。”两边柱子上的对联是：“时乘六龙以御天，所其无逸，用敷五福而锡极，彰厥有常。”中和殿内的陈设较为简略，与太和殿陈设不同的是，中和殿内没有高起的宝座台基，只在低矮的地平上陈设有髹漆宝座，宝座背倚髹漆龙纹屏风，前后两侧分别陈设有香筒、香几，宝座的地平下左右设有炭盆，地平前面设有四个高香几，上面摆放有象鼻腿式三足香炉。

中和殿

三大殿的最后一座是保和殿，保和殿位于中和殿之后，面阔九间，重檐歇山顶，明初称为谨身殿，嘉靖年间改称建极殿，清初改称保和殿。清代保和殿内高悬有乾隆皇帝的御书匾额："皇建有极"。两旁柱上的对联是："祖训昭垂，我后嗣子孙尚克钦承有永；天心降鉴，惟万方臣庶当思容保无疆。"保和殿内的陈设与太和殿大致相同，惟保和殿内陈设宝座屏风的台阶阶数要小于太和殿，为五层台阶，在宝座台上陈设有髹金漆龙纹宝座及屏风，宝座两边由近及远依次陈设有甪端、炭盆和香筒。宝座前面的陛下陈设有四个高香几，高香几上摆设有三足象鼻腿珐琅香炉。

保和殿虽然在前朝三大殿内排在最后，但是在这三大殿中，使用的频度却很高。清代常在保和殿举行宴会，这里成了皇家举行盛大宴会的场所，清代每年除夕、上元赐外藩、王公及一二品大臣宴，公主下嫁之时，赐宴额驸之父，有官职家属宴及每科殿试等，均于保和殿举行。顺治三年（公元

保和殿

1646年）后顺治帝曾居保和殿，而从乾隆五十四年（公元1789年）以后，保和殿又行使了一个新的职能，就是在这里举行科举制度的最高一级考试——殿试。

位于前朝的太和殿、中和殿、保和殿这三座大殿依次修建在一个高达八点一三米的台基上，台基上下重叠三层，俗称“三台”，颇显恢宏气魄。三大殿内的空间布局有着相似之处，在殿内陈设有髹金漆雕龙宝座，宝座后面有高大的罩漆屏风，两侧有甪端香几。由于这三大殿位于紫禁城内的前朝，其主要功能是为了处理政务，举办朝会的重大场所，所以这三大殿整体的特点是代表皇权的宝座屏风、甪端、香筒、太平有象等陈设，没有过多的其他陈设，之所以如此，正是为了突出帝王之唯我独尊的地位，在偌大的空间中，无论有多少人，举行何种政务活动，都只能突出皇帝一人，通过疏朗空透的空间布局来体现皇家肃穆凝重的气势。

远眺太和殿三台

二、乾清宫陈设：赫赫威仪

与外朝三大殿不同的是，紫禁城的内廷陈设更多的是突出了生活气息，紫禁城内廷的多数建筑承载的是封建帝王起居生活的功能。

紫禁城后半部是封建帝王及其家属居住的地方，称为后寝。其中宫殿、园林、楼、台、亭、阁栉比相连，布局紧凑。每座庭院除有院墙门庑环绕之外，又用高大的宫墙围成更森严的内部禁区划，所以通称为内廷。

内廷大致可分帝、后寝宫——后三宫；后妃宫室——东西六宫；清雍正年以后的皇帝寝宫——养心殿；太上皇宫殿——宁寿宫；太后太妃宫殿；太子宫室等六组宫殿建筑区。

内廷的主要建筑是乾清宫与坤宁宫。由于这两座建筑是帝后的寝宫，所以建在紫禁城的中轴线上，与外朝的三大殿并称为“三殿两宫”。

清宫内廷的宫殿陈设远较外朝三大殿的陈设丰富多彩。

乾清宫

内廷中，乾清宫正间、养心殿正间的陈设与外朝三大殿的陈设有相似之处，而其他宫室内部的陈设格局显得灵活多变，随意性较强。因篇幅关系，下面仅举乾清宫、储秀宫及咸福宫几例，来看一看清宫内廷的陈设风格。

清宫内廷中，乾清宫正间的陈设与太和殿陈设格局基本一致。但乾清宫是皇帝处理政务和群臣上朝议事的场所，除了屏风、宝座、香亭外，根据实际需要，在宝座前又增加了御案。乾清宫地平上正中陈设有金漆雕云龙纹宝座，后有金漆雕云龙纹五扇式屏风。两侧陈设用端、仙鹤烛台、垂恩香筒等，宝座前有批览奏折的御案，这一组陈设全部座落在三层高台上。

根据道光十五年（公元 1835 年）乾清宫明殿现陈设档的记载：乾清宫内的陈设较为丰富 ：

“乾清宫明殿地平一分；金漆五屏风九龙宝座一分；紫檀木嵌玉三块如意一柄；红雕漆痰盆一件；玻璃四方容镜一面；痒痒挠一把；铜挣丝珐琅甪端一对（紫檀香几座）；铜掐丝珐琅垂恩筒一对（紫檀木座）；铜掐丝珐琅仙鹤一对；铜掐丝珐琅圆火盆一对；紫檀木大案一对，上设：古今图书集成五百二十套，计五千零二十本；天球地球一对（紫檀木座）；铜掐丝珐琅鱼缸一对（紫檀木座）；铜掐丝珐琅满堂红戳灯二对；紫檀木案一张，上设：周蟠夔鼎一件（紫檀木座），铜掐丝珐琅兽面双环尊一件（紫檀木座），青花白地半壁宝月瓶一件（紫檀木座），皇舆全图八套（皇舆全览一套），国朝宫史四套；紫檀木案二张，上设：皇朝礼器图二十四匣（计九十二册）；红金漆马扎宝座一件；引见楠木宝座一张，上设：红雕漆痰盆一件，玻璃四方容镜一面，青玉靶回子刀一把；引见小床二张；图丝根一张（一种体形低矮的炕桌）。”

从道光年间的陈设档记载可以看出，乾清宫位于内廷，其内部的陈设较为充实，有金漆五屏风宝座、紫檀木大案、红金漆马扎宝座、引见楠木宝座、珐琅戳灯、图思根（实为一种体形低矮的炕桌）等家具，在宝座上陈设有紫檀木嵌玉如意、红雕漆盆、痒痒挠等充满生活情趣的器皿，在紫檀案上还陈设有古今图书集成、周蟠夔鼎、掐丝珐琅尊、宝月瓶、皇舆全图、皇朝礼器图等钟鼎彝器及图书典籍，除此之外还有一些专用于宝座地平陈设的器具如仙鹤、垂恩筒、甪端等。这组陈设虽然丰富，但是基本上还是传统的屏风宝座甪端香筒的固定模式。其中甪端是中国古代传说中的一种具有神异功能的瑞兽，号称能日行一万八千里，通晓四夷语言，好生恶杀，知远方之事，若逢明君有位极人臣，则奉书而地，护卫于侧，把甪端陈设在禁宫大内的宫殿，寓意皇帝圣明，广开言路，近贤臣远小人；香筒为燃香这用，在香筒内可以燃放檀香，当檀香燃烧后，一缕缕的青烟从镂空筒身飘然而出，云烟缭绕，寓意太平、安定、大治；仙鹤则象征长寿。

而乾清宫东暖阁的陈设则富于变化，据档案记载：乾清宫东暖阁里陈设：

“东暖阁炕宝座上设：紫檀木嵌玉如意一柄，红雕漆痰盒一件，玻璃四方容镜一面，痒挠一把，青玉靶回子刀一把。左边设：紫檀木桌一张，桌上设：御笔青玉片册，附紫檀匣；砚一方，附紫檀匣，铜镀金匣；松花石暖砚一方；青玉出戟四方盖瓶一件附紫檀商丝座；五彩瓷白地蒜头瓶一件。右边桌上设：铜掐丝珐琅炉瓶合托盘一分，定瓷平足洗一件，铜掐丝珐琅冠架一件，紫檀木箱一对。左边箱上设：五体清文六套。右边箱上设：西清古鉴四套，续鉴二套。地下设：铜掐丝珐琅四方火盆一件，玉瓮一件。楼上设：殿神牌位三龛，随紫檀高桌二张，铜掐丝珐琅五供一分，铜掐丝珐琅瓶盒一分，黄云缎桌围二件，裁绒毯一方。楼下抑斋落地罩内，楠木包镶床上设：红雕漆痰盒一件，痒挠一把，青玉靶回子刀。左边设：紫檀木桌一张，桌上设：青玉炉瓶盒一分。右边设：紫檀木桌一张，桌上设：汉白玉仙人插屏一件附紫檀座，青花白地瓷瓶一件，淳化阁帖二十四册，盛于紫檀匣内。年节及寻常铺设：黄氆氇座褥二件，石青缎迎手靠背二份，衣素座褥二件，随葛布套，妆缎坐褥三年，炕毡一块。”

以上乾清宫明殿是清代皇帝升座引见官员以及内廷朝贺、筵宴的处所。东暖阁则为皇帝召见臣工的办事处所，里面陈设则较为随意，东暖阁没有正殿的那种象征皇权威仪的金漆宝座屏风及甪端、仙鹤烛台、垂恩香筒等，而是一些摆放文玩玉器漆盒的桌子及生活气息很浓的楠木包镶大床等家具。

三、西六宫陈设：丰富多彩

清宫后宫还有许多宫殿主要是充当帝后们生活起居之用，其建筑的内部空间相对于外朝三大殿来说，空间较小，比较紧凑，但是里面的装修陈设却格外丰富，悦人耳目。

现在举西六宫的储秀宫为例来看一看，储秀宫是西六宫之一，原名昌寿宫，明代永乐十八年（公元 1420 年）建成，嘉靖十四年（公元 1535 年）改名储秀宫。清代曾多次修葺。光绪十年（公元 1884 年）慈禧太后五十整寿，耗费白银六十三万两修缮一新，在十月寿辰时移居于此，住了十年。当年慈禧居住储秀宫时，这里有太监二十多人，宫女、女仆三十多人，昼夜伺候慈禧起居。

储秀宫的内檐装修精巧华丽。正间后边为楠木雕的万寿

储秀宫东梢间北侧的花梨木雕缠枝葡萄八方罩门 →

万福群板镶玻璃罩背，罩背前设地平台一座，座上摆紫檀木雕嵌寿字镜心屏风，屏风前设宝座、香几、宫扇、香筒等。这是慈禧平时接受臣工问安的座位。储秀宫西侧碧纱橱后为西次间，南窗、北窗下都设炕，是慈禧休息的地方。由西次间西进是寝室，它以花梨木雕万福万寿边框镶大玻璃隔断西次间，隔断处有玻璃门，身在暖阁，隔玻璃可见次间一切，隔断而不断。暖阁北边是床，床前安硬木雕子孙万代葫芦床罩，床框张挂蓝绸缎藤萝幔帐；床上安紫檀木框玻璃镶画横楣床罩，张挂缎面绸里五彩苏绣帐子，床上铺各式绣龙、凤、花卉锦被。东梢间北边有花梨木透雕缠枝葡萄八方罩，这些花罩构图生动，玲珑剔透，制作精细，堪称晚清杰出的木雕

艺术作品。

东次间与东梢间都以花梨木雕作间隔，里面陈设富丽堂皇，多为紫檀木家具和嵌螺钿家的漆家具。东梢间靠南窗有

储秀宫东梢间内部陈设

储秀宫西次间内部陈设

木炕，两侧摆黄花梨雕螭纹炕案，上陈瓷瓶及珊瑚盆景。东梢间东侧靠墙设一张黑漆嵌螺钿翘头案，案上陈设钟表和一对象牙宝塔。墙上悬挂着缂丝福禄寿三星祝寿图，两侧悬挂壁挂，案前地面放有一只炭炉，左侧有紫檀嵌珐琅坐墩和八角落地罩，罩内有桌案等陈设。

储秀宫西次间北沿炕上，炕上正中陈设有红漆嵌螺钿寿字炕桌，两边陈设有百宝嵌炕柜，炕下放有紫檀嵌螺钿脚踏。储秀宫内的整个空间布局充满了浓厚的生活气息。

在西六宫中，还有一座宫院，这就是位于西六宫中最西北的咸福宫，它位于储秀宫之西、长春宫之北。咸福宫建于明永乐十八年（公元1420年），初曰寿安宫，明嘉靖十四年（公元1535年）更名曰咸福宫。清沿明旧，于康熙二十二年（公元1683年）重修，光绪二十三年（公元1897年）修整。

咸福宫一区主要由咸福宫、后殿同道堂以及两侧的配殿

咸福宫

组成，咸福宫的正殿上悬挂乾隆御笔“内职钦承”匾额。正殿正中的低矮地平上是一组紫檀山水人物宝座屏风，宝座两侧有高香儿，香几上陈放着青玉太平有象，前有掐丝珐琅炭炉。在咸福宫的东西两侧墙边依次陈设有紫檀雕云龙顶箱大柜、紫檀雕龙架几案以及紫檀大插屏镜子，东西墙上还挂有挂屏。其中紫檀架几案上摆放着紫檀嵌铜罗汉图插屏及青花瓶等陈设品。大殿布置以中间的宝座为中心，两边的柜架屏镜则起陪衬点缀作用，突显宝座及宝座主人的尊贵。

咸福宫在清代曾有多位嫔妃在此居住，已知的有：道光皇帝的琳贵人、成嫔、常贵人、彤贵人；咸丰三年（公元1853年），奕訢的母亲康慈皇贵太妃（道光皇帝的静贵妃）曾在这里短暂居住；咸丰五年到六年（公元1855~1856年）间，咸丰帝的懿嫔那拉氏（也就是后来的慈禧太后）也曾在这里居住过一段时间。

咸福宫的特殊性在于它也是清代皇帝经常停留的地方。嘉庆四年（公元1799年）一月，太上皇乾隆皇帝病故，嘉庆皇帝先是以上书房作为倚庐，二十天后移住到咸福宫，继续为先皇治丧。咸福宫按嘉庆皇帝的要求，不设床，只铺白毡和灯草褥，丧事满月以后，再行设床。嘉庆皇帝在为父皇治丧的后期迁到咸福宫，是为了推迟入主养心殿的时间，咸福宫便成为倚庐兼过渡性的寝宫。在咸福宫居住的十个月间，嘉庆皇帝在这里主持政务，引见军机大臣。并写下一对联：“一日万机，咸熙功有作；群黎百姓，福锡德无疆。”嘉庆皇帝的亲政生涯就是从咸福宫开始的。直到该年十月，嘉庆帝才从咸福宫迁入养心殿。

嘉庆皇帝驾崩后，道光皇帝也在咸福宫“寝毡枕块”，为父皇守制，并写下了《初居咸福宫述悲》一诗。道光帝驾

同道堂正间

崩后，咸丰帝同样在这里守制，在位期间也曾多次在这里小住，默念祖宗世代持守的基业和意志，为此咸丰将咸福宫后殿命名为“同道堂”。

而咸福宫的后殿同道堂，也并不是一座普通的宫殿，当年咸福帝的懿嫔（即后来的慈禧太后）曾在此居住，于咸丰六年（公元1856年），在此生下了咸丰皇帝的第一个儿子，后来也是唯一一位成活的儿子载淳，即后来的同治帝。生子之后，懿嫔很快升为贵妃，迁回储秀宫。咸丰皇帝御赐给慈禧两方印章，其一就是同道堂之印。慈禧在同治年间，最爱钤用这一印章，说明慈禧对同道堂有着深切的感念。

现在咸福宫后殿同道堂里，还保留着咸丰时代的原状陈设。同道堂是一座五开间的殿堂，分别为正间、东次间、东梢间、西次间、西梢间。正间原有乾隆皇帝御题的匾额：“滋德含嘉”，咸丰时改为“襄赞壶仪”，匾额下方左右两侧悬有挂对，上书“盛世寰区仍望泽，端居宵旰早关怀”。炕上设有黄龙

奕䜣亲手书写的楷书“杜甫秋兴八道诗”挂匾

坐褥隐枕，两侧置有炕几、炕桌，上面摆放文玩插屏等陈设物。东次间正东的门墙上挂有奕訢亲手书写的楷书“杜甫秋兴八首”挂匾，南窗的前沿炕上有黄花梨炕桌及楠木多宝格等陈设，北墙上悬有“译经萃室”匾额，下面设有紫檀平头案，两旁有条桌，上面摆有钟表、瓷器及古琴等物。东次间之东为东梢间，东梢间南边为炕罩，炕罩内为前沿炕，上面陈设有桦木圭式案及坐褥隐枕，圭式案上摆放有掐丝珐琅砚匣及笔山，东墙上悬有蓝字“克敬居”匾，此匾蓝字为守孝时的专用字。“克敬居”匾下方为一对乾隆嵌螺钿御笔挂屏。北侧炕罩内为一固定的炕床，这种北床南炕的格局是清代皇宫中常见的一种室内陈设。

同道堂正间往西，一道隔扇门将正间与西次间隔开，同道堂西次间南侧为一临窗的前沿炕，炕上正中陈设有炕桌，两边是多宝格和炕几，上面放置文玩器用，临窗墙上挂有壁瓶。与南炕相对的北边墙上悬有一方御笔“宝”字圆匾，一张紫

东次间南炕陈设

东梢间北侧的炕床

檀长方桌倚墙而放，两边摆有一对圆形扶手椅。西次间之西为西梢间，中间一道隔扇门将两处空间分割开来。西梢间里面的布局与东梢间一致，也是南炕北床的格局。南边临窗的

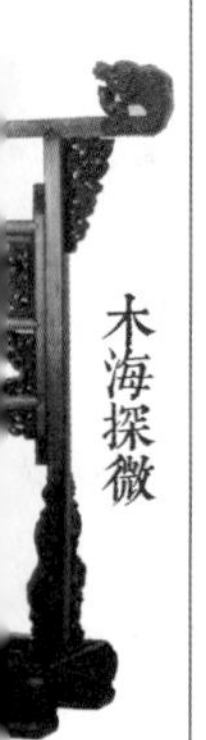

同道堂正间与西次间之间的隔扇门

西次间北侧布局

前沿炕上陈设有炕桌炕几，上面摆放插屏、钟表、冠架等小件陈设物。西侧墙边摆放有一件紫檀平头案，平头案上放有嵌瓷插屏及天球瓶，左右两边是一对紫檀嵌瓷扶手椅，墙壁

同道堂西梢间内陈设

上悬挂有螺钿边框御笔挂对，北边的炕罩内是固定的炕床。

总体上看，同道堂的空间分为五开间，除了正间以外，其他几个开间都是对称一致。特别是东西梢间里，南炕北床的室内设计是典型的清宫内廷家居的布局风格。在此格局下布陈的家具器用疏密有度，富有变化。与空阔壮观的三大殿和赫赫威仪的乾清宫正殿相比，同道堂内的陈设更充满了生活气息。

值得一提的是，上述咸福宫及同道堂一区的陈设是2004年故宫博物院根据档案记载复原的咸福宫的原状，2011年由于院整体规划的需要，咸福宫原状陈列撤陈。

总体而观，紫禁城内的宫殿由于其使用功能的不同，里面的家具陈设呈现出丰富多变的风格，前朝三大殿为清朝举行重大政务活动的场所，其内部空间布局以空透舒朗为主，在殿内正中位置上摆设髹金漆龙纹宝座及甪端香几等陈设品，此外别无他物，太和殿和保和殿的宝座屏风还被安置在高起的台基之上，以突出其空阔疏朗、以壮观瞻的视觉效果，逾显皇权至高无上的神圣感。而内廷的宫殿布局比较紧凑，由于是起居寝兴之所，所以室内多使用隔扇和各种罩类分隔空间，里面的陈设不仅仅是单调的宝座屏风、甪端香几之类，还增加了诸如插屏、挂对、多宝格、桌案、椅凳、架格、炕床等多种家具以及陈设在家具之中的各类文玩杂宝，充满了浓厚的生活气息。

管窥韩国宫廷家具陈设

韩国与中国是一衣带水的邻邦，它的历史文化深受中国影响，在韩国首都首尔（史称汉城）至今仍保留着韩国古代的宫殿建筑群，它就是朝鲜时代著名的宫殿——“景福宫”。

景福宫的名字是由朝鲜王朝的开国功臣郑道传根据中国的诗集《诗经》中的“君子万年，介尔景福”中的“景福”两字命名的。它是朝鲜王朝的始祖——太祖李成桂于1395年将原来高丽的首都迁移时建造的新王朝的宫殿，具有500年的历史。景福宫也称“北阙”，是首尔规模最大、最古老的宫殿之一，是韩国封建社会后期的政治中心。

景福宫兴建后历经正好两个世纪，便遭遇了日本入侵。1592年，日本军阀丰臣秀吉兴兵入侵朝鲜，侵略军很快攻到了汉城，当时景福宫宫苑的大部分建筑遭到了破坏，到高宗五年（公元1868年）重建时只有10个宫殿保持完整。

景福宫占地面积达15万坪（约合50公顷），呈正方形，外围总长1993米，平均高度为5米，厚2米，围墙四方开有四个大门，景福宫东面是建春门，西面是迎秋门，南面是光化门，北面是神武门。

韩国动乱时期曾遭全毁，重修后的光化门的门匾，据称是韩国唯一用韩文写成的。

景福宫内有勤政殿、思政殿、康宁殿、交泰殿、慈庆殿、庆会楼、香远亭等殿阁。

其中勤政殿、思政殿和其左右的万春殿、千秋殿，这里

景福宫北门
神武门

是宫殿的前朝。是朝鲜时代国王举行朝会大典和办公的地点。后面的康宁宫、交泰殿、慈庆殿、庆会楼为国王及后妃们居住和生活的地方，与北京紫禁城的后宫的功能相类似，相当于皇宫的“后寝”。

韩国的宫殿由于历史原因，大部分遭到毁坏，面目全非。作为国家权力象征的景福宫在日本强占时期遭到计划性的损毁。1911 年，景福宫的土地所有权归属了朝鲜总督府，1915 年以举办“朝鲜物产共进会”的名义，损毁了 90% 以上的殿阁，还修建了乾隆总督府遮挡了宫殿建筑。

1990 年，韩国政府开始了对景福宫宫殿的复原工作，在拆除了日本占领韩国时期旧朝鲜总督府的同时，复原了兴礼门一带，并恢复了景福宫内殿和东宫等区域的原貌。

现在景福宫里面的宫殿，虽然有很大一部分是现代复原重建的，但是透过这些严格按照历史原貌复原的宫殿，我们

景福宫宫殿外围

仍然可以管窥到古代韩国皇宫里面的陈设概况。

在景福宫的宫殿建筑群里，很多宫殿内部多为四白落地的白墙隔断，里面空无一物。唯有景福宫的主殿勤政殿、思政殿，以及位于思政殿的配殿千秋殿里面的原状陈设恢复的比较完整。下面笔者把本人所看到的勤政殿、思政殿以及千秋殿这几座宫殿内部的陈设简要向读者介绍一下。

勤政殿：

景福宫内的勤政殿是韩国古代最大的木结构建筑物，雄伟壮丽，“勤政殿”其意为“勤奋治理朝政”。作为朝鲜王宫里最庄严的中心建筑，勤政殿的建筑象征王权至上，唯我独尊，它是朝鲜国王登基、朝见文武百官或接见外国使节等举行国家大典的场所。勤政殿是一座重檐歇山式的建筑，可以称得上是景福宫内最重要的建筑，高宗四年（公元1867年），勤政殿由兴宣大院君重建，在花纹华丽的两坛月台上，冠以两层重檐，显得雄伟壮观。殿前方的广场就是百官朝会之地，广场的地面铺以花岗岩，分三条道路。中间的道路稍高、稍宽，是国王走的路，两侧的稍低一些，是文武百官走的路，还有品阶石分列于广场两侧。

从勤政殿的内部陈设，可以看出其在景福宫的重要地位。勤政殿内部为五开间，宏豁宽敞，在勤政殿内靠后的中心位置，为一座五层台阶高的宝座台，一组宝座屏风就陈设在宝座台之上，宝座台阶下方左右各陈设有香几一对，香几西侧有一张嵌螺钿炕桌；在香几的前方，左右两边各陈设有一组炕桌，地上铺有褥垫。在炕桌的东西两侧分别陈设有架杆，上面插放宫扇、刀剑等物品，再外则为韩国特有的落地式座灯，南侧临窗处陈放有珐琅薰炉一对。

勤政殿外景远观

勤政殿外景

勤政殿内部陈设

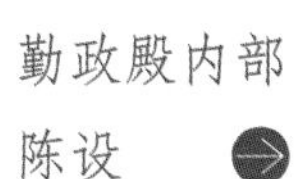

思政殿：

思政殿位于勤政殿后边，为国王的办公地点。“思政”寓意着国王深思国事，细心处理。思政殿的等级低于勤政殿，其内部的宝座屏风设置在三层台级之上，宝座台后面东西两侧陈设有香几一对，香几之上安放有青花云龙纹梅瓶，宝座台下方正中是一张嵌螺钿炕桌，炕桌东侧为一髹漆龙纹交椅，西侧为一蜡台，炕桌前方的东西两侧各陈设一组炕案砚床，地面上铺设褥垫，殿内四角处分别安有韩国特有的落地座灯四个，殿内的临窗处与勤政殿的陈设一样，陈放有珐琅薰炉一对。

思政殿内景

千秋殿：

思政殿西侧的千秋殿也属于前朝宫殿，为朝鲜时代国王读书的宫殿，这可不是一座普通的宫殿，说起这座宫殿，还与韩国文字有着不可分割的渊源呢。韩文字是在韩国世宗时期（公元 15 世纪）所发明的，以前韩国是中国的藩属国，在韩国还没发明韩文字前，虽然讲的话是用韩语，但是文字的书写几乎是使用汉字。所以，就变成说的是一套，写的又是另外一套。当时只有贵族和知识分子有受教育的机会，认识汉字，平民几乎是不识字的。所以，贵族（韩国人称为两班）和庶民之间，可以用韩语做口语的沟通，但是若要用文字传递讯息，确有着一层隔阂。在全国贵族和平民之间，产生文

千秋殿外景

化断层的情况，世宗深深感受到拥有自己的文字的重要性，因为拥有属于他们的文字，韩国的文化才能广泛的延续下去。但是发明文字，可不是儿戏，是一件浩大的工程。结果有一天，世宗在千秋殿内沉思，看到阳光照射千秋殿门棂上的景象，一格格的门棂，激发了世宗创字的灵感，于是世宗立刻召集众多文官学者，一起研究发明出了韩文字，经过时代的演变，慢慢地发展成现在使用的韩文字。

今天我们看到，千秋殿里面的陈设布局充满着书香气息，千秋殿分为中间的正间及东西两侧隔间，类似于紫禁城内宫殿的明间及东西次间。千秋殿的正间陈设较为简单，里面的陈设物只有书格和落地座灯，正间的北侧临窗格子处陈设有一对书架，屋内四角分别安有落地座灯，此外别无他物。和紫禁城内的宫殿正间相比，我们就会发现这里的陈设要简单得多。

千秋殿正间陈设

如我国紫禁城西路长春宫的正间陈设：正中是乾隆时期制作的紫檀边座漆心染牙竹林飞鸟五屏风一座、紫檀雕花宝座一座，宝座后面两边是一对固定的紫檀木座孔雀翎宫扇，宝座两旁紫檀香几上有珐琅亭式香筒一对，宝座前方还有掐丝珐琅仙鹤蜡台一对，上挂绣球式宫灯，陈设布局紧凑，极为奢华。

由千秋殿的正间进入西隔间，要脱鞋进入室内，西隔间相当于北京紫禁城宫殿的西次间，整个西间为炕式木地板，朝鲜时代的人保留着席地而坐的风俗习惯，人们的起居生活诸如读书写字、商议事情等均要席地坐于室内的木地板炕上。透过南面敞开的窗子，我们可以看到在千秋殿的木地板上临北窗两边安设有纸质折屏一对，折屏上面绘有色彩鲜艳的书画卷轴博古图，南侧临窗处陈设有炕案、砚床及蜡台，炕案上摆放着古籍及镇尺，地炕上铺有褥垫，靠西侧墙间，一对

故宫西路长春宫正间陈设

低矮的书柜架倚墙而放，里面摆着图书典籍，整个房间充满着书香气息，与西隔间相对应的东隔间陈设布局与之相仿，大同小异。

从景福宫内的陈设布局可以看到，作为与中国一衣带水、深受中国文化浸染的邻邦，韩国古代皇宫里面的陈设与中国有相类似的地方，勤政殿与思政殿内的宝座屏风，都坐落在

千秋殿西隔间内景陈设

宝座台上，但是这两大殿内的陈设布局较为简单，且多以低型家具为主，如勤政殿与思政殿内，都摆放低型家具炕案砚床及嵌螺钿炕桌，地面上铺有褥垫，是为司谏官员们特地铺设的。作为朝鲜时代举行国朝大典的勤政殿，其宝座台的台级数也要少于紫禁城太和殿的宝座台级数，勤政殿为五级，太和殿的宝座台级数为七级台阶，太和殿的宝座屏风高踞于台阶之上，清代帝王端坐于宝座之上，给人一种君临天下，唯我独尊的雄浑气势。

同是帝王留心翰墨、醉意诗书的宫殿，千秋殿内的陈设布局表现的是明显的韩国风格，室内陈设全部是由低型家具组成的。一对折屏、一对书格、一组炕桌砚床和一对落地座灯构成了千秋殿西隔间的重要家具点缀，整个西隔间的地面为炕式木地板，当年朝鲜国王就是在这里席地而坐，展卷阅读。

与古朝鲜国王席地而坐的风俗习惯不同，清代帝王在自己的书室雅斋里则是另一番景象，他们或是垂足而坐，或是席炕而坐。

如这件“乾隆是一是二”图轴，表现的就是乾隆帝一袭汉装，坐于罗汉榻上，悠闲地展卷研读的情景；而从故宫西路养心殿西暖阁三希堂里面的陈设布局我们可以想象得到当年乾隆皇帝席炕而坐的场景。

乾隆是一是二图轴

三希堂这间小小的斗室以清代乾隆皇帝在此收藏晋人王羲之《快雪时晴帖》、王献之《中秋帖》和王珣《伯远帖》等晋、唐、宋元诸名家法帖而闻名，临窗的前沿炕正中置有一小炕桌，炕桌及窗台上放有各类文玩，炕上东部倚墙陈设有靠褥引枕，靠褥上方是一副“怀抱观古今，深心托豪素”对联，再上悬有“三希堂”横匾，东侧墙上挂满了色彩鲜艳的瓷制壁瓶。空间虽小，但布置却比较紧凑，可以想见，乾隆皇帝无数次坐在三希堂临窗的暖炕靠褥上，背依着“怀抱观古今，深心托豪素”的联语，醉赏古来墨宝，闲洒翰墨丹青的景象。

三希堂内景

从中国古代“春宫画”管窥明清室内家具陈设

在中国古代绘画史上，有一种绘画门类称为“春宫画”，因其内容涉及男女欢娱之事，一直以来被视为淫秽之画。“春宫画”还有一种广为流传的称谓，亦叫“秘戏图”。春宫画因最初产生于帝王的宫室，描写春宵宫炜之事，所以称为春宫画，或春宫图。随着历史变迁，在不同的地区，春宫画又有嫁妆画、女儿春、女儿图、枕边书、压箱底等名称。据《万历野获编·春画》记载：“春画之起，当始于汉广川王，画男女交接状于屋，召诸父姊妹饮，令仰视画。及齐后废帝，于潘妃诸阁壁，图男女私亵之状。至隋炀帝乌铜屏，白昼与宫人戏影，俱入其中。唐高宗镜殿成，刘仁轨惊下殿，谓一时乃有数天子。至武后时，则用以宣淫。杨铁崖诗云：‘镜殿青春秘戏多，玉肌相照影相摹。六郎酣战明空笑，队队鸳鸯浴锦波。’”

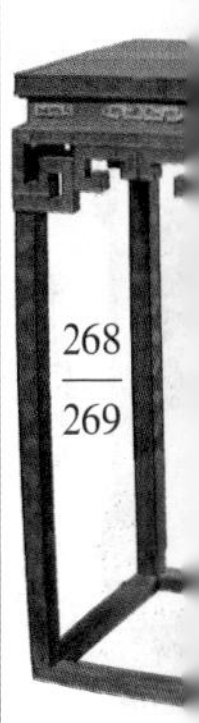

在礼法森严的封建社会，“春宫画”一直被视为淫秽之物，登不得大雅之堂，而从明中叶以降，随着社会经济的发展，奢侈之风日趋盛行，市民的传统观念逐渐淡化，代之以追求享乐，讲究浮华，及时行乐的观念，世间也不以纵谈房炜方药之事为耻。“风气既变，并及文林，故自方士进用以来，方药盛，妖心兴，而小说亦多精神魔之谈，且每记叙床第之事也。”在晚明，士大夫中流行一种避俗之风，于是以耽情诗酒为高致，以书画弹棋为闲雅，以禽鱼竹石为清逸，以嘘谈声伎为放达，以淡寂参究为静证。春宫画由于其内容多为写实性的工笔绘画，且涉及男欢女爱的内容，极大地满足了人们对情色之欲的好奇之心，故在私底下的民间广为流传。

入清以后，春宫画并未因王朝的更迭而销声匿迹，相反，随着清代初期，平定三番之乱后，社会稳定，经济发展，春宫画开始在民间拥有广阔的受众群体，并私相传播，一些地方上的达官显贵也甘乐其中。如《分甘余话》卷四记载："广州有妖僧大汕者，字石濂，自言江南人。或云池州，或云苏州，亦不知其果籍何郡。其出身甚微贱，或云曾为府县门役，性狡黠，善丹青，叠山石，构精舍，皆有巧思。剪发为头陀，自称觉浪大师衣钵弟子，游方岭南，居城西长寿庵，而日伺候诸当事贵人之门。常画素女秘戏图状，以媚诸贵人，益昵近之，于是无所忌惮。官东粤者，落其圈缋，十人而九。"康熙年间，一个自名为大汕的岭南僧侣，擅长丹青，喜绘男欢女爱之状的秘戏图（即春宫画），并将此画馈赠达官显贵，颇受欢迎。可见，春宫画在民间甚至官家私下传播的广泛程度了。现在明清留下的春宫画有《胜蓬莱》《花营锦阵》《风流绝畅图》《鸳鸯秘谱》《繁华丽锦图》《江南消夏图》等。古典小说《金瓶梅》插图本，部分插图便是取自上述古籍中。中国古代绘制春宫画的多为画坊工匠，但也不乏有名家染指，如明清时期的唐寅、仇英、赵子昂、改琦等都是绘制春宫画的高手。

明清以来，春宫画在坊间流传，甚至还有一些流传到了海外，一些国外的收藏家收藏了大量反映男女欢娱场景的春宫画，透过这些春宫画，我们可以看到，春宫画中除了主人公欢娱情景以外，里面的家具陈设也是一大亮点。春宫画表现的多是明清以来富裕文人士大夫之家宣淫秘戏的场景，在渲染男女情爱的同时，自然也少不了大量的家具作点缀装饰，这些家具描绘极具写实性，生动翔尽，为我们了解明清之际室内陈设留下了大量可贵的图像资料。下面这些图是流传海外的中国古代春宫画，多绘于18世纪至19世纪之间，里面的内容题材取自古典小说，家具陈设极为丰富。

图一里的厅堂中间，一位书生装束的年轻人坐在短足长榻之上，正侧身拉拽一位少女，少女眸含秋水，故作忸怩之态。长榻低矮，四条腿足的足底做成如意云头样，落在托泥之上。长榻前面置有一低矮的小几，剑棱腿足，几的前面栽有盆花，几上放有一张仲尼式古琴及图书卷轴。长榻旁边置有一竹制

图一

斜万字锦地纹透空扶手椅。厅堂的左侧有落地隔罩将厅堂分为里外间，隔罩外侧靠墙处摆放有一件四面平书格，书格造型较为奇特，分两部分组成，上部为一个两层隔板的书格，下部为一抽屉矮桌做成，矮桌长宽与书格相等，书格放置在矮桌之上，矮桌正好成为书格底座，形成叠落式样。厅堂后面的白墙之上，开有井字长棂窗格，有两扇窗格半开半掩，一位书童正往里窥探，整个画面充满了生活情趣。

图二圆光门内，男女双方相拥缠绵，左侧摆着一张嵌理石的罗汉床，罗汉床面为藤屉编织，床面下为壸门式牙板，牙板之下为内翻马蹄足，兜转有力，具有典型的明式家具的风格。在他们的右前方放着一张小凳，凳的上半部虽然以褥套覆盖，但仍可看出凳面为圆形，下有束腰，四条腿为三弯腿，线条委婉流畅，一顺到地。紧靠圆凳的是一个方桌，桌面之上放有一块方形垫砖，上面放有栽花盆景，方桌桌面与桌腿

图二

成 90° 直角相接，桌面之下为简洁的勾云角牙，四条腿为直腿方材，直落到地，足端做成内翻马蹄足，罗汉床后放有一张长桌，桌面长方平直，光素简洁，桌面之上摞着整函的书籍以及茶具等物品。整个室内家具陈设丰富，有长桌、床榻、绣墩等家具。

图三表现得是敞轩之中，紧临曲栏处，一位公子哥正托抱着年轻女子，女子右手上举，似要放下凉竹卷帘。在他们的后侧有一张方桌，桌面之下为曲尺枨子，上面放有提梁茶壶。再把目光转到敞轩之外，左侧的圆光门里，有一件斑竹节纹的高几，几上放有炉瓶等物。

图三 →

图四描绘的是圆光门内的室内场景，男主人公头戴幞头，一袭汉装打扮。一位风韵十足的女性坐于其腿上，手拈长笛，正在吹奏。两人坐在一张无靠背的长榻之上，榻面以藤屉编织，光素无修饰，四条腿足直落到地，形成内翻马蹄足，带有明韵风格。他们右侧的长桌，则是四面平式的方桌，桌面之上放在炉瓶有茶具等物，桌子的四腿为直腿方材，拐子纹角牙，桌面下方为一个圆形绣墩，上面覆盖有褥套。

图五描绘的是书房雅斋内景，年轻俊美的书生耐不住皓首穷经的寂寞，正与一位妙龄少女倚着一张小长凳而坐，缠

图四

绵悱恻，小凳凳面长方平直，凳面中间安有藤屉，下有束腰及壶门牙板，四条腿足直下，足上起云纹翅，足端做成内翻马蹄。这种小凳因为长方低矮，可坐两人，又俗称为春凳。凳的右前方有假山石台座，上面陈设方口高瓶，瓶内插有花叶一枝。两人身后紧临一张架几长案。案面为一块独板，上面放有蓝绫封套的书籍一函，案面另一侧还有都盛盘一具，盘内放置笔筒石砚等文具。架案的左右两端下方有一对如意云头纹的架几承托，墙上挂有花鸟纹竖轴古画一幅。

图五

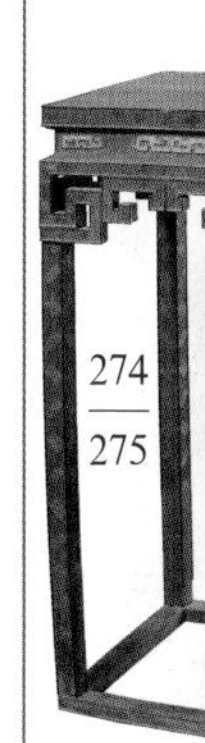

图六描绘的是冬日室内的应景之画。书生搂抱仕女，坐在一张圆靠背扶手椅上，紧临他们的是一张四面平长条桌，桌面之下安有拱起的直角拐子纹罗锅枨，四条腿子为方腿直材，直接地面。长桌之上放有果盘、盆景、文玩匣盒等陈设品。长桌右侧是一张与室内装修同步打造的大床，从图上看，这种接墙而建的大床似乎应是按地步打造的固定寝床。在画面下方，可以看到一个圆形三足的铜制炭炉，铜炉里的炭灰之上放有茶具二件，正好可以暖茶。画面最左侧是一件小型方凳，凳面方方正正，凳面下四腿为直材，下有底枨相承。一位丫环模样的年轻女子站在方凳之上，正掀帘回望，透过窗帘向外望去，但见雪压松枝，风景独特。外面瑞雪满庭院，室内春意正盎然。

图六

图七中，一对男女正相拥坐在一条矮榻之上，榻面狭长，中安藤屉，下有束腰，腿足低矮，足端做成内翻马蹄，几条腿子之间安有拱起的罗锅枨，上植矮佬。矮榻左侧地面上放有一个霁蓝瓷器的墩座，墩座上面陈设莲花台座，上面放有松枝盆景。矮榻前方有一方桌，桌面呈正方形，上面陈设书籍和笔筒等文房物品。桌面之下安有拐子纹角牙，桌腿与桌面直角相交，形成四面平的式样，四条腿足为直材，至足端形成内翻马蹄足。矮榻后依一体型宽硕的长桌，长桌尺寸较宽，桌面上放有湖石盆景、瓶花、茶具等物。桌面与四腿以 90° 直角相交，形成四面平的样式。从图中可以看出，长桌腿子的边沿起线，四腿的上端卷勾云横枨相连，整张长桌的造型简洁光素，疏朗大方。

图七

图八中的画面表现的是里外套间的情景，安有回纹拐子门的板墙把室内空间分成两部分，右侧的空间应为外屋，圆光门里，一对男女正在屋内嬉戏调情。接临回纹拐子门处，立有一架莲花底座的烛台戳灯，靠墙处摆有一张长条抽屉桌，桌面中心嵌以白色大理石，上面放有盛装佛手的浅底托盘。桌面下方安有抽屉两具，一具已经半拉开，四条腿子为直腿方材，桌腿与抽屉之间安有拐子纹角牙。墙上开有横竖棂条的方窗，方窗中心嵌有国色天香牡丹图绢画。回纹拐子门内，应为内室，由于视线所限，只能看到一个绣墩和靠墙摆放的一架平头案，案面之下安有挡板，下踩足托。

图八

图九描绘寝室内景的画面，图中一位年轻男子正坐在炕床边沿，一手轻拉对面年轻女子的双臂，双脚同时勾住女子双腿，年轻女子扭头转身，故作害羞之状，手中羽扇掉落地上。炕床做成几腿罩的形式，床罩为七抹式，直落在炕沿之上。寝室的临窗处摆有一张长方条桌，长桌上放有蓝绫书套一函，旁边有插花胆瓶一只。桌面正中嵌有云石，四角的四条腿子与桌面形成直角相交，下面安有类似于窪膛肚的倒拱枨子，四腿直下，至足端形成内翻勾云底足。

图九

图十描绘的是厅堂内的内景，画面中的男女主人公衣着传统的汉装服饰，但是陈设在里面的家具却是典型的清代风格。一位书生模样的男子轻挑门帘，正拽住一位仕女的肩臂，画面左侧临墙处近景是一张嵌理石的长条桌，桌面下方安有窪膛肚的牙板，牙头做成拐子纹，四条腿子直下，形成内翻回纹马蹄。长桌上放有天球瓶、盆景、几座等物，陈设丰富。隔着门帘稍远处是一个长方小凳，凳面正中镶嵌“井”字格纹，疑似为棋盘，凳面下方有拱起的罗锅横枨，上安双环卡子花，四条腿为方材直腿，至足端形成内翻回纹马蹄足，从色泽上看，此凳颜色幽深，应为紫檀或红木材质做成。厅堂正中放有一张回纹拐子挺腿方桌，方桌上有专供观赏的栽花盆景。这件方桌造型繁琐，桌面方正平直，桌面下以四个回纹拐子站牙，

图十

攒接成十字形的挺腿，支撑着方形桌面，这种造型具有典型的清式家具的风格。

画十中人物虽然是古代汉服的装束，但是里面的家具陈设则是地地道道的清代中期以后的家具风格。拐子纹的花牙，内翻回纹马蹄足，都与传统的明韵风格大相径庭，具有典型的清代风格。此画创作于清中期以后，作者生长于清代，所画的内容，除人物是古代的汉装外，其余的室内家具陈列设并非臆想，当是依据实景所绘，即所谓“有所本”，极为详尽生动，为我们了解清代家具的陈设提供了直观的资料。

透过以上春宫画可以看出，中国古代“春宫画”里表现的场景多发生在书房、厅堂、卧室之中，在书房、厅堂之中的家具，以书桌、条几、矮榻、坐椅为主，书案之上常陈设有图书典籍，架格之中摆放文房雅玩，男女主人公相拥坐在矮榻或坐椅之上，怡情嬉戏，而卧室之内，因是寝居之所，里面的家具，属于私密性较强的寝床、炕床或架子床。男女双方在架子床上翻云覆雨，恣意寻欢。

图十局部

研究中国古代家具及室内陈设，需要以多种研究方法和手段进行，一类是通过文献史料，梳理出古典家具的历史沿革和发展脉络，一类是通过近距离观察流传有绪的家具实物而得到具体印象，另外，中国古代的名家绘画作品出版物和小说典籍的插图也为我们留下了丰富的图像资料，但除此之外，还有一类“春宫画”里，描绘的家具陈设内容也是相当具体翔实，可资我们研究参考。“春宫画”因其内容露骨，涉及情色而为学术界讳莫如深。其实，中国古代“春宫画”也是我国传统文化艺术宝库里的重要一员，“春宫画”的作者往往具有较高的专业绘画水平，他们以彩绘工笔画法，把当时的家具陈设场景直观的描绘出来，而“春宫画”里所描绘的室内陈设亦多是取材于家资甚厚的富户巨室，所绘的家居陈设应当真实可靠，为我们今人了解当时的家居生活提供了最直观的图像。

据故宫博物院余辉先生研究：17 至 18 世纪，有一批画风相近的人物画家活动在北京城里、紫禁城外。这些人物画家与文人画家之间没有密切的联系，自身亦无自我标榜的个性，特别是在康熙四十二年（公元 1703 年），清廷颁布禁止结社的旨令，他们在京城的艺术活动仅表现为个人行为。艺术史家常以清代宫廷画家的活动来概括整个 18 世纪的北方画坛，而忽略了这批游离于宫廷并服务于京城王府或显宦画家群。其中有焦秉贞的门人冷枚及其传人，在他们的外围还有更多的外地来京的人物画家。

焦秉贞虽然是 18 世纪京城人物画的重要画家之一，但是目前从文献中几乎查找不出这位资历颇深的清宫画家在宫外的具体绘画活动，他的细腻、明净的人物画风格和略带透视的构图特点规定了其传人的艺术发展轨迹。运行在这一轨迹上的人物画家有冷枚及其子冷槛、冷铨等，还有陈枚和一些佚名画家。此外，活动于这个时期与上述画风相近的京城人物画家还有徐玫、徐璋、顾见龙和顾铭。

这些画家服务的对象主要是在京的达官显贵。余辉先生在其论文《十八世纪服务于京城王府官邸的人物画家》中指出："清初王子近百位，其中被封为亲王、郡王者近50位，封为贝勒、贝子、镇国公、辅国公者也有20余位，加上公主、贵族等，组成了一个受宫廷政治、文化影响的庞大的文化圈，他们拥有丰厚的物质财富，决定了他们在文学、音乐、美术、戏曲等方面的消费能量，在紫禁城外，他们是京城艺术最大的赞助者和庇护者，是王府文化的享受者和所有者。"这些擅长工笔绘画的画家们不是一个服务于下层社会的世俗匠群，几乎其中每个人都与王公、贵族有着密切的和相对稳定的主雇关系，承担着相当于"家庭摄影师"的职责。王公贵族们相互间为了攀比，大量雇佣肖像画家为他们画像，同时也责成画家们以历史故事、家事纪实为题作画，或绘制仕女画以布置厅堂等。另外，为了满足他们的性心理之需和启蒙欲婚的下一代，又订绘了大量的春宫画。因而，构成京城王公贵族府第所需人物画的题材主要有五类：肖像画、历史故事画、家事纪实画、仕女画和春宫画。

结合上述观点，本人认为拙文中所列举的"春宫画"里就有供职于王府官邸的画家所绘的"春宫画"，这些图画对室内家居陈设的描绘生动传神，宛如一部照相机把当时的室内场景真实地定格下来，而从图中的家居陈设来看，里面的陈设物品相当讲究，图画作者虽然生长于清代，但有些画面所绘的家具中仍有一部分是明式风格，这也与当时的家具流行风尚有着联系。清中期以后，清式家具的风格开始流行，大量配置在富户巨室的厅堂斋舍中，但是在许多喜欢传统文化的王公贵戚、仕宦巨室的家中，他们精于考据，喜欢稽古右文，并未因清风的流行而完全摒弃明式家具，这些人喜欢以明韵风格的家具装点门面，于是形成了明韵清风同时在一个房间里陈设的有趣现象。上面列举的“春宫画”应当是专职画师在实力雄厚的王公显贵之家现场临摹绘成。这些图画，对我们今天研究明清家具的式样以及陈设提供了真实可靠的图像资料，意义深远。

中国古代青铜家具

中华民族具有悠久的历史和高度发达的文明，在我们国家漫长的发展历史中，生活在华夏大地的先民，创造了辉煌灿烂的物质文明，而其中家具，作为人类进步的标志，很早就成为华夏先民起居生活不可缺少的重要组成部分，代表着中华民族所特有的民族精神和艺术风格。当今在学术界，研究中国家具的历史，多以漆木家具为主。但是许多人忽略了，在商周先秦时期，华夏先人所使用的家具中，还有重要的一大类，那就是青铜家具。

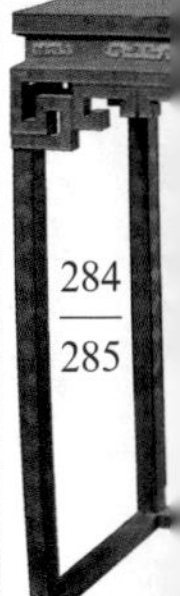

在中华文明史上，青铜器的出现多被认为是华夏文明的重要标志。公元前 16 世纪，我国社会进入了商代，这是一个农业、畜牧业和手工业都比较发达的朝代，商王朝的出现标志着我国社会经济文化业已发展到一定高度并进入了奴隶制社会。当时遗留下来的实物和文字记载，有刻着原始文字的甲骨和铸有铭记款识的铜器。在河南安阳殷墟、武官屯大墓、山东益都苏埠屯葬、郑州白家庄遗址及其他地区商代遗址及墓葬中发现的大量遗物，给我们提供了极其丰富的研究资料。

在等级森严的商周，天子和王公卿大夫之家使用了大量的椇俎等家具。俎，在有虞氏时称为“梡俎”，商代俎称为“椇”。“椇”又读“矩”，殷椇反把两侧的腿做成曲线形。“椇”本是一种树木的名称，因其枝多弯曲，故以其腿似椇而名之曰“椇”。

值得一提的是商周时期的青铜器中已出现了后世一些家

具品种的雏形。由于成千上万工匠被役使到同一工种中从事劳动，正适应当时生产力日益发展的需要。工匠们经过长时期的辛勤劳动，改进工具，提高技艺。其中尤以青铜工艺技术达到了相当纯熟的地步，创造了闻名于世的青铜文化。到了商代，炼铜工匠们在实践中，发现了纯铜柔软不坚硬的缺点，于是掺加铅和锡，来增强硬度，制成更加坚硬锋利的斫削工具及生活用具，于是青铜工艺硬应运而生。商周是中国古代青铜器高度发达的时期，古代青铜器多用作重要的陈设礼器，先秦商周之际的统治者讲究祭天敬祖，在每次重要的祭祀活动或重要的国家大典活动中，都要使用大量的青铜器物，如鼎、尊、炉、簋、甗、禁等，而这些青铜礼器中，现在从大量的出土青铜器，看到商周时期的青铜礼器，如青铜俎、青铜禁等，以其造型的基本特征与后世家具相对照，可以看出，这些俎和禁等，实在是后世桌、案、箱、柜的雏形，这些青铜礼器可谓后世承具和庋藏类家具的始祖。被鉴定为殷商器的青铜饕餮纹俎，就是一件较早的传世青铜家具。该俎造型别致，纹饰精美，具有很高的艺术价值。西周时期的青铜四直足十字俎，和商代青铜壶门附铃俎，也都是极其珍贵的青铜家具实物。

1976年，在殷墟王室妇好墓出土的青铜三联甗座，高44.5厘米，长107厘米，重113千克。这件甗呈长方形，座架面上有三个高出的圈，可同时放置三只甗，故名三联甗座。甗架形似禁，面部有三个高起的喇叭状圈口，可放置三件大甗。腹腔中空，平底，下有六条扁形矮足。外底有十字形铸缝。架面饰螭龙纹三组，分绕三个圈口，龙头作侧面形，两端的头朝下，中间的头朝上。在一个螭龙之前有一个兽面和一龙。龙的身尾均饰菱形纹和小三角形纹。架面四角分别饰以牛首

青铜三联甗座

纹，牛口朝外，圈口周壁饰三角形纹和一周云纹。甗架四壁也有也有精细花纹，长边两面中部各有一龙，两侧饰以大圆形火纹。主纹均以雷纹为地。在中间圈口的内壁有铭文二字。这件联三甗座不仅是一件不可多得的大型青铜器，更是一件典型的早期青铜家具。它的基座有座面，有底足，已经带有后来承托类家具的特点。这件青铜甗的出土，进一步为我们展示了商周时期中国古代家具独特的形式和极高的艺术水平。

与此类似的是放置各种酒器的青铜禁，实物有天津历史博物馆收藏的西周初年的青铜夔纹禁和美国纽约大都会艺术博物馆收藏的西周青铜禁。禁，是中国古代贵族在祭祀、宴飨时摆放盛酒器的几案，多为铜质，目前存世的铜禁非常稀少，而这件铜禁为西周制品，年代很早，也是中国出土的铜禁中体形最大的一件。

西周铜禁四面饰夔纹，制作精良，纹饰生动，为扁平立体长方形，中空无底，这件青铜器从造型上看它很像一个桌子，其实，它叫铜禁。禁面上三个突起的椭圆形子口，分别放置

西周青铜禁

盛酒器。1926年陕西宝鸡斗鸡台出土。禁呈扁平长方形，通高23厘米。禁上面突起三个椭圆形中空的子口，用以稳定上面所放置的器物。前后壁各有十六个长方孔，左右壁各有四个长方孔，禁上四周饰夔纹一道，制作精良，这种铜禁实为后世桌案等承具的祖先。

刖人守门方鼎：通高17.7厘米。折唇，附耳。上层与西周中期的方鼎无异。附耳垂腹，用以盛放食物，口下饰解体式变形兽面纹，腹下鼓，四隅各有一龙相附，口沿下饰窃曲纹带。下层为一方形空膛，空膛上有对开两门，两侧设窗，窗旁饰斜角雷纹，背面铸成镂空兽面交连纹，正面开门，守门者是一个受过刖刑（割掉一足）的奴隶形象。门枢齐全，可以启闭。底部炉盘可盛炭火，温煮鼎内食物。鼎足铸成眉目似猴，钩喙似鹫，曲角似羊，头体似鹿的单足怪兽，颇具艺术特色。这件青铜器构思奇巧，造型新颖独特，其鬲腹空膛的这种风格具有后世的橱柜的形制，可以看做是后世橱柜的滥觞。

我国春秋战国之际，即公元前8世纪至前2世纪，是大变革的时代。这一时期，诸侯纷争，政治上和军事上出现了大国争霸的局面，有所谓春秋“五霸”，战国“七雄”的局面。

青铜守刖人禁 ➔

各诸侯国之间连年战争，相互兼并，政治家游说其间，合纵连横。学术思想的活跃，形成许多派别，《汉书·艺文志》载诸之有一百八十九家，以成数言，历史上称作“百家争鸣”，将我国的文化学术发展到很高的水平。从先秦至汉初的各派学者或其著作被称为“诸子”。春秋战国时期，社会经济发展，生产力水平较之前代进一步提高，冶炼技术的提高，促进了生产工具的改进，春秋战国时期，社会经济发展，生产力水平较之前代进一步提高，冶炼技术的提高，促进了生产工具的改进，而与此同步的就是家具的发展。

春秋时期，当时的手工业分工已相当细：“凡攻木之工七，攻金之工平度，攻皮之工五，设色之工五，刮摩之工五，抟埴之工二。攻木之工：轮、舆、弓、庐、匠、车、梓；攻金之工：筑、冶、凫、段、桃。攻皮之工：函、鲍、韗、韦、裘；设色之工：画、缋、钟、筐；”随着生产力水平的提高，漆木家具开始发展，先秦时期的楚国，漆木家具广泛应用，迅速使家具品类增多，质量提高。在漆木家具大量应用的同时，青铜家具也还在大量使用。

青铜透雕龙形龙纹俎：春秋晚期，高 24 厘米，长 35.5 厘米，宽 21 厘米。俎面长方形，中间略窄微凹，四条腿足作扁平的凹槽形，并稍向外展。俎面及四足有透雕的矩形纹，余饰变形龙纹。这件俎的俎面呈长方形，其面下有四条腿足相承，已能看出是后世的桌案类家具的影子。

青铜透雕龙形龙纹俎 ➔

春秋晚期透雕云纹禁：这件云纹禁长方体，禁面中间为一长方形平面，用以置物，禁面四边及四个侧面由三层粗细不等的铜梗相互套结成透雕的云纹。禁在四周攀附有十二个立体龙形，龙角、龙尾作透雕装饰。禁底四角及上周围十二个踞伏的怪兽为器足，兽作昂首咋舌，挺胸凹腰状。此禁系用失蜡法铸造而成，为目前所知我国失蜡铸造工艺最早的铸品之一。此器造型庄重，装饰瑰丽，工艺精湛，实为罕见的青铜艺术珍品。

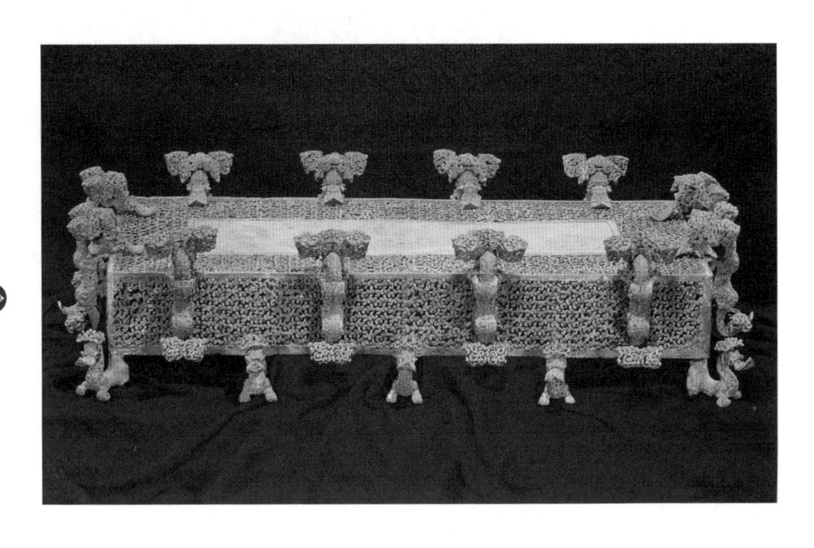

春秋晚期透雕云纹禁 →

曾侯乙鉴缶：这是一件战国早期的青铜缶，现藏于湖北省博物馆。由方鉴与方尊缶两部分组成。鉴身直口，方唇，短颈，深腹下敛，圈座附四兽形足。四角、四边共有八个拱曲攀伏的龙形耳钮及方形和曲尺形的附加装饰。镂孔方盖，盖面中空，以容纳方尊缶的颈部。盖饰变形蟠龙纹，浮雕盘龙纹和勾连云纹。鉴口沿、颈部、腹部及圈足分别饰以蟠龙纹和蕉叶纹。方尊缶盖足呈方形隆起，四角附竖环钮，盖沿内折，并有与器口扣接的子母榫。直口，方唇，溜肩，鼓腹下折内收，圈足。缶身腹部四边各有一竖环耳。尊缶为盛酒器，置入鉴内，周围有较大的空隙，可放入冰块，用以冰酒。其作用与后世出现的冰箱有异曲同工之妙。这件缶出土时附有一长柄有流的勺。

曾侯乙鉴缶

秦汉以后，随着冶金技术的发展，铁器取代了青铜器，被广泛应用，并进入人们的生活之中，青铜家具逐渐消失。但是我们不能否认，在大量漆木家具出现之前，青铜家具一直以国之重器——礼器的形式出现在历史的舞台之上，许多青铜家具从其造型、功能来看，实为后世家具的滥觞，在中国古代家具发展史上，占有着无可替代的地位。

传承与创新

——中国当代红木家具发展之“道”

中国古典家具是我国古代文化艺术宝库的重要组成部分，是中国传统文化的重要载体。古代的能工巧匠倾注心血，将精美的良材和精绝的工艺融为一体，创造出了辉煌的古典家具艺术。红木家具不仅具有很强的实用功能，同时也有极高的审美意义，对于今人而言，在前两者的基础上又增添了收藏价值。

与其他工艺美术作品不同，中国传统家具是立体艺术，它融绘画、镶嵌、雕刻于一体，在家具上施以精美的花纹雕刻，绘画作品无法表达的立体效果跃然呈现于家具表面，给人以栩栩如生的感觉。一些家具上的装饰图案，比如屏风及柜门上的图案直接取材于绘画作品，是平面艺术的立体表达。同时，家具又与其他立体的艺术品，如陶瓷、玉器等不同，因为陶瓷、玉器都是无机物制作而成的，而古典家具作品是有机物，是采用源自自然、汲天地之精华、山水之灵气的名贵红木制造，这种良材佳木的优美纹理和色泽是与生俱来的，触之抚之，能感觉到木材本身特有的质感、手感和亲切感，与相对脆弱的陶瓷和束之高阁仅供把玩的玉器相比，我国的传统家具既可观赏、又可实用；是起居坐卧、储藏文玩的实用品，其优美的造型、精细的装饰赋予其独特的艺术美感，又可用以观赏，具有隽永的艺术魅力。

一、中国当代传统家具面临的困境

中国传统家具在经历了前几年的黄金时代后，迎来了发展寒冬。厂家在不停地抱怨市场不好，卖不动货。此时的传统家具市场，面临着市场冷清、行业萧条的困境。产品质量欠佳，同质化严重，品牌辨识度不高，远远没有达到令消费者满意的程度。举目所见，市场上满皆是毫无创新的复制，似曾相识、千器一面，要不就是堆砌臆造的垃圾货。笔者认为，一件优秀的传统家具应当由以下这四个要素组成，第一是设计(design)，第二是工艺(technique)，第三是结构(structure)，第四才是材质（material）。而我们今天很多厂家生产的家具多是将材质放在第一位，“惟材质论”的观点甚嚣尘上，过分重视对材质的重视，就容易忽视了设计和工艺，这样的家具就像是一个只会涂脂抹粉，完全没有内涵、学识的“美女”，

中国当代传统家具 →

让人爱不起来。

在营销手段上，个别商家为了所谓的“标新立异”，甚至完全扭曲了传统家具高贵典雅的文化内涵，采用恶俗低级的宣传博人眼球。南方某厂家为了卖货，不惜让一些衣服暴露的女模坐在端庄凝重的红木家具上搔首弄姿，全然不了解传统红木家具是给有身份有地位的人专坐的家具。

现在红木界主要存在两种现象，一是相当一部分的厂家，在生产老掉牙的在谱家具，而他们所谓的“在谱”并不完全出自《鲁班经》记载的34种家具形状，而是原封不动的复制以前图录里出版的家具，图录里收录的藏品很多都是依据当时统治者个人喜好而生产出来的家具，只是满足统治者一己之私的个人审美，并不是真正在谱的家具，比如故宫有一件鹿角椅，是乾隆把祖先打猎时缴获的鹿角专门制成一件家具，名叫鹿角椅，乾隆在御制诗里专门记载了这件家具，是具有

乾隆行乐图

缅怀先祖骑射武功、纪念性质的坐具，但是我们现在有个别厂家也在仿做这件鹿角椅，然而这件座椅实用性并不大，因为椅子靠背搭脑以及扶手使用的是公鹿的尖锐鹿角，就像一丛丛锋利的利刃，暴露在外，很是危险，家里有老人或者小孩一不留神的话，就有可能被扎伤。与没有创意的复制相对应，另一部分则是厂家率性而为，任意发挥之作，美其名曰创新，这部分产品由于设计师没有具备良好的文化底蕴，不懂传统文化，才会出现圆形餐桌的桌面上出现观音、如来和罗汉等雕饰图案，而这些神灵应该是被人供在佛堂，顶礼膜拜的，而不是雕刻在餐桌上被人交杯换盏压在下面，这是对神灵的不敬，更是对传统文化的亵渎。

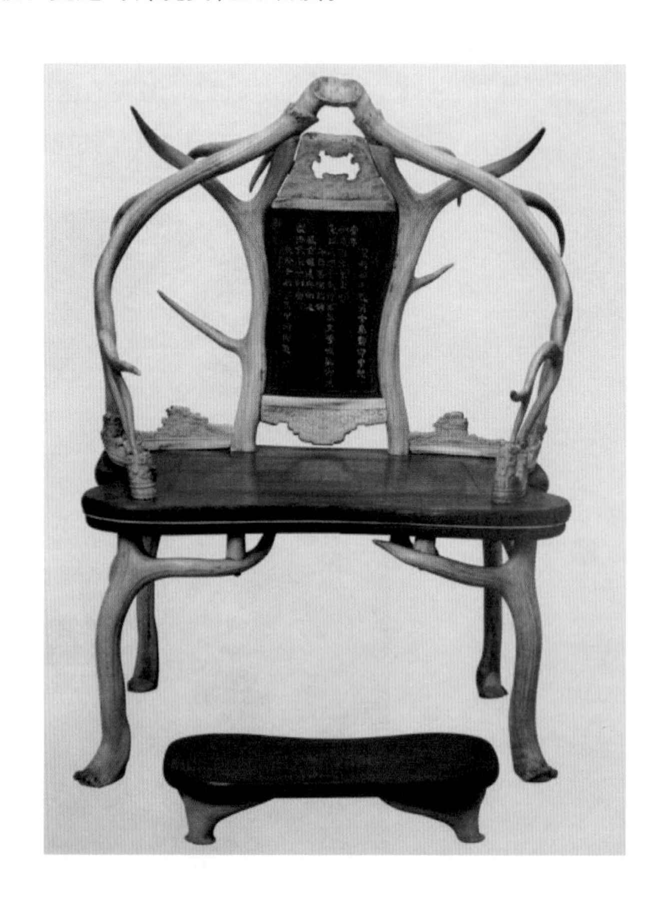

鹿角椅

二、行业需要文化底蕴的人才

要彻底改变这种局面，必须要有文化底蕴的人才来设计生产家具。我们现在都在提倡工匠精神，工匠精神中所指的“匠”，应该是某个行业中有特殊贡献的人才，并不只是简单地靠出卖手艺为生的匠人，首先要具有很高的文化素质和教养，对于美学有着极深的感悟，像明式家具很大程度上就是由江南文人推动的。明代后期，许多江南地区的文人将自己的文人思想注入到日常生活使用的家具设计制作上，将文人气质与世俗的家具用品巧妙结合起来，文士极力想透过家具的设计来展示他们的文人素养与文采，因此，我们可以发现明式家具有别于以往的家具特色，追求的是“文心匠气”，“崇尚简约、尽弃繁缛”的风格，讲究“天人合一”的宇宙观，木材选用与制作采“发乎于情，由乎自然”古朴原则。文士对于家具设计想法有许多的文献记录可查，如文震亨的《长物志》、高濂的《遵生八笺》、李渔的《闲情偶记》等书里专门记载了自己设计的家具，这些江南文人以他们独到的视角和美学素养，亲自动手，提凿挥斧，躬身实操，推动了明式文人家具的发展，功不可没。江南名士文震亨在《长物志》中提及文人用的书桌应“取中心阔大，四周和边阔仅半寸许，是稍矮而细”。家具装饰只能“略雕云头，如意之类，不可雕刻龙凤花草诸俗式”。在序文中提出家具的陈设与设计的基本准则，“几榻有度，器具有式，位置有定，贵在精而便，简而裁，巧而自然”。由此可知，明清家具是一个媒介，文士将自己满腹的文采，抒发于家具设计上，透过巧匠制作出深具文人气质的生活用品。在今天我们看来，对传统文化有深刻理解的一批得力的实干家如能成为家具的创造者、爱好

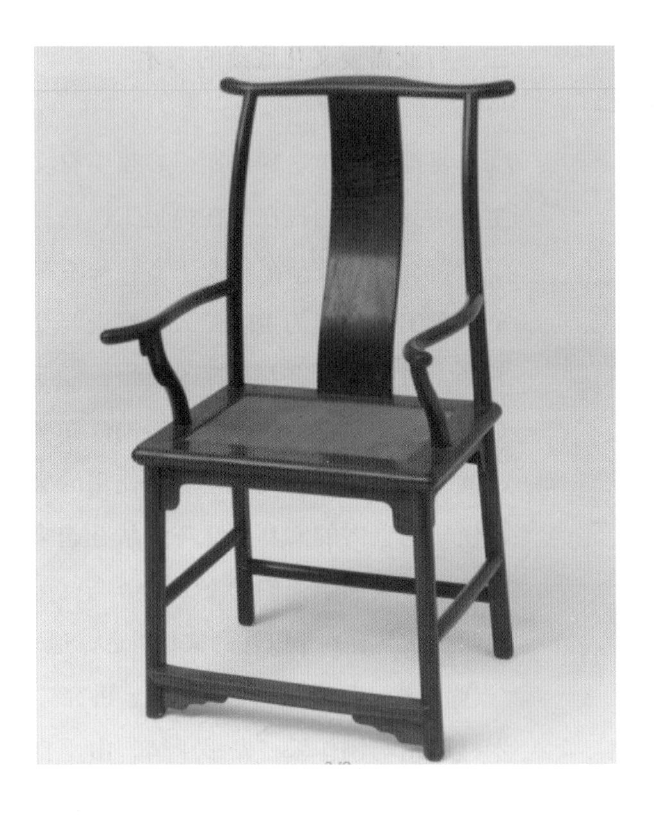

明黄花梨四出头官帽椅

者、受益者，那么中国的传统家具将像一颗永远璀璨的恒星，闪耀着光芒。厂家如果具备了相关的创意设计人才，那么在不离经叛道的前提下，进行一些小的设计创新，产品肯定更能受到市场的认可和接受。

现在国外的西洋仿古家具在设计、工艺和文化的积淀上也是可圈可点，欧洲家具经历了文艺复兴、巴洛克、洛可可、新古典主义、现代主义等不同风格的演变，呈现出和东方家具艺术迥然不同的风貌，像意大利、法国、英国等欧洲国家，它们也在生产设计西洋古典风格的家具，但是他们更侧重于家具的工艺，装饰和结构，在家具上镶嵌大理石，镀金的卷花纹，细木粘贴加以彩绘描金，腿足做成罗马柱、倒锥形或三弯腿，在家具的看面上施以大面积的深浮雕，家具上的每

英国 Theodore Alexander（西奥多·亚历山大）家具

西洋靠背扶手椅

一个局部细节处理都是极为精致，设计感很强，就像 18 世纪英国著名家具设计师赫普尔怀特在《家具师和及软包师指南》

西洋古典家具厨柜 →

一书所说“要将优雅与功能统一，实用与舒适结合”的观点，他认为真正的设计师要的是以尽可能最优雅的方式展现出实用且能经受住时间考验的设计。今天的欧洲复古家具很大程度上注重的是优秀的设计加上出类拔萃的工艺、深邃逼真的雕刻、精美绝伦的镶嵌和色彩斑斓的外观，成就了当代欧洲复古家具富丽堂皇的风格特点，这样的家具出厂之后，售价不菲，在中国的认可度也很广，有不少的爱好者和购买者。如果我们的传统家具生产企业不引起重视，不去提高产品的文化内涵和质量，很有可能消费者需求会越来越小，市场会越来越萎缩。现在的世界文明并非中国一枝独秀，只有家具从业者们承担起传承创新的责任，居安思危，潜心苦练内功，增加产品的文化底蕴，才能让中国传统文化独步于世界之林，做出流传有序的好家具。

对于中国传统家具对外推广宣传，我们的传统家具在国际上可以注册一个英文的简称标注，TCF，这是 Traditional Chinese Furniture 的简写。以后，我们对外宣传中国传统家具就可以用这个英文简称了。

后　记

中国古代的家具制作，历史悠久，源远流长，是中国传统文化的重要载体，在古代，人们又将家具称为“家生”，据《梦粱录》云：“家生动事，有桌凳、凉床、交椅、杌子之类”。又据《清稗类钞·物品类》记载：“家生为日用器具之总称，江、浙间有此语”；古人的起居生活、社会活动等都离不开家具的参与，无论是九五之尊的帝王朝会大典、官宦大吏的公簿劳顿、文人学士的群贤雅集，还是寻常百姓的日常生活都与家具的使用密不可分，可以说，传统家具渗透到古人生活的方方面面。但是自古以来，作为人们日常生活起居必不可少的居家之备之器，“家具”一直被列为“杂项”之类，并没有受到应有的重视，专门论述家具的著述几乎没有，宋代喻皓曾著有《木经》一书，但早已失传，只有少数片断见诸沈括的《梦溪笔谈》里。到了明代，午荣编著的《鲁班经匠家镜》（又名《鲁班经》）算是今天能看到的古代惟一一部较为系统的制作家具乃至建造房屋、农具的专业书籍，也是流传至今的一部木工行业的专用书，在当时“万般皆下品，惟有读书高”“学而优则仕”的历史背景下，这部木工行业的指导性专业书籍，并没有引起社会的普遍关注。直到20世纪的1985年，王世襄先生的《明式家具珍赏》出版后，掀起了传统家具收藏热潮。1989年王世襄先生的《明式家具研究》一书出版，更将明式家具的研究推向了一个新的高峰，是中国古典家具学术研究举世公认的一部里程碑式的奠基之作，它的三项主要贡献是：创建了明式家具研究体系，系统客观地展示了明式家具的成就，从人文、历史、艺术、工艺、结构、鉴赏等角度完成了对明式家具的基础研究。

自 20 世纪 80 年代末开始，随着王世襄先生的两部明式家具的著作问世，社会上掀起了对传统家具的研究热潮，很多专家学者著书立说，全方位、多角度展开了对传统家具的研究，成果丰富。

笔者从 1991 年大学毕业后，就到了故宫博物院的业务部门，一直从事明清宫廷家具的研究保管和宫殿原状研究工作。让我感到庆幸的是，在故宫博物院这个中国最大、藏品最为丰富的博物馆里，专家济济，人才辈出。笔者一方面虚心向学界前辈求教，对于专家学者的学术成果进行吸收学习，同时在长期的工作实践中也慢慢总结出对传统家具研究的一些心得体会。对于传统家具的研究，笔者认为应多从以下几方面入手。

第一是古代文献史料。中国古代文献浩如烟海，门类庞杂，有关家具的史料散见于官修史书、历代文人笔记、官方编修的各种有关工程技术方面的则例、清代内务府造办处活计档、清宫陈设档、外国来华传教士的回忆录以及反映明清时期社会人文生活的白话小说中。这些文献里含有丰富的家具资料，但是比较分散，需要有一种“皓首穷经故纸堆，孤灯笔影伴书眠”的执着态度去挖掘整理，才能在曙光初现、晨曦微露中领略到传统家具的深刻人文内涵。

第二是古代绘画作品。一些反映当时社会生活写实的绘画作品里，真实地再现了古代先民们的起居生活，著名的如五代南唐画家顾宏中的《韩熙载夜宴图》、北宋张择端的《清明上河图》、宋徽宗赵佶所绘的《听琴图轴》等作品，作者以现场亲历者的身份对目光所及的生活起居场景进行了忠实的描绘，宛如一部照相机把当时的家具使用状态真实地定格下来。此外，明代小说中的版画插图、清代宫廷画家所绘的描绘宫廷生活场景的写实性绘画、甚至还有流传在海内外的春宫画，以及明清之际来华的西方传教士们依据亲眼所见绘制的中国风土人情的画作，这些绘画作品都是以工笔画法描绘，极其生动的再现了古人生活起居的现场画面，诸如家具的使用、家具与室内陈设，对我们今天研究明清家具的式样以及陈设提供了真实可靠的图像资料，意义深远。

第三是走进博物馆和家具收藏家。近距离接触观察流传有序的古典家具。由于历史原因，很多传统家具都已湮没在历史的尘烟中，不复存在了，能流传下来的家具可谓历经劫磨、阅尽沧桑，这些家具以明清时期的居多，分为大漆家具、柴木家具、硬木家具等，它们从材质、工艺、造型等方面都明显带有着当时那个时代的历史印迹，细观慢品这些家具，可以使我们深刻理解明清家具的艺术价值和美学价值。

第四是中国古代建筑。中国传统建筑在古老而悠远的东方大地上，以其规划严整的伦理秩序、天人合一的时空观念、重生知礼的现世精神而迥异于西方，儒学规范、老庄风神铸就了它光彩照人的绮丽风姿和独具品格的美学神韵，是东方极具魅力的一种“大地文化”。如雄伟壮观的紫禁城，静穆庄严的宗教殿堂、风姿绰约的江南园林、文化底蕴深厚的皖南徽派民间建筑群等。只有置身于这些历年久远的古代建筑中，才能体会出它们并不是孤立存在的空间，它的梁架结构、内檐装修、分隔布局，代表了我们先民的聪明才智和匠巧工心，这些保存完好的古代建筑本身就是一件放大了的传统家具。而当大量的古典家具，陈设在这些建筑里面时，我们才能感受到中国传统家具真正的生命力和文化价值。

笔者在长期的家具求学问道过程中，就是从上述这四个方面入手，通过文献资料并结合自己的工作实践，对中国家具史上的若干问题进行简要的考论。笔者有感在家具研究过程中所积累的知识不是一朝一夕一蹴而成，而是需要漫长的求知过程，诚所谓“积晦明风雨之勤”，才能集腋成裘，聚沙成塔。昔者圣贤孔子《论语》总结了做学问的最高境界：“志于道，据于德，依于仁，游于艺。”对于我们今人来说，要想达到这四点殊非易事。学海无涯，惟有驱舟苦行，不畏鲸波，才能登陆成功的彼岸。笔者深知，要想把自己多年来积累起来的心得浓缩在这一本薄作之中，实属不易，由于本人水平有限，才疏学浅，“井天”之窥，不足为道，再加之时间紧迫，仓促成笔，难免会挂一漏万，纰漏之处，还望各位大家批评指正。

本书的出版，得到了林业出版社建筑分社纪亮社长的大力支持，在本书编辑审稿过程中，编辑樊菲详加审阅，认真核校，一丝不苟，使本书得以顺利出版，在此深表谢意。

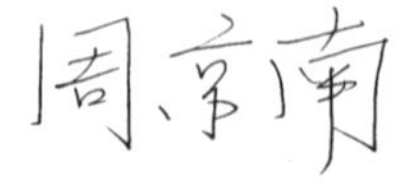

二零一六年六月十二日于紫禁城会典馆